缠绕复合材料壳体低速冲击损伤与评估

Damage and Evaluation of Wound Composite Shell Under Low-speed Impact

张晓军 范士锋 李宏岩 刘万雷 著

国防工业出版社

·北京·

图书在版编目(CIP)数据

缠绕复合材料壳体低速冲击损伤与评估/张晓军等著. —北京:国防工业出版社,2021. 2
ISBN 978-7-118-12257-2

Ⅰ. ①缠… Ⅱ. ①张… Ⅲ. ①复合材料结构—壳体(结构)—冲击力—研究 Ⅳ. ①TU33

中国版本图书馆 CIP 数据核字(2020)第 230350 号

※

国防工业出版社出版发行
(北京市海淀区紫竹院南路 23 号 邮政编码 100048)
天津嘉恒印务有限公司印刷
新华书店经售
*

开本 710×1000 1/16 **插页** 2 **印张** 12 **字数** 200 千字
2021 年 2 月第 1 版第 1 次印刷 **印数** 1-1500 册 **定价** 86.00 元

国防书店:(010)88540777 书店传真:(010)88540776
发行业务:(010)88540717 发行传真:(010)88540762

致 读 者

本书由中央军委装备发展部**国防科技图书出版基金**资助出版。

为了促进国防科技和武器装备发展，加强社会主义物质文明和精神文明建设，培养优秀科技人才，确保国防科技优秀图书的出版，原国防科工委于 1988 年初决定每年拨出专款，设立国防科技图书出版基金，成立评审委员会，扶持、审定出版国防科技优秀图书。这是一项具有深远意义的创举。

国防科技图书出版基金资助的对象是：

1. 在国防科学技术领域中，学术水平高，内容有创见，在学科上居领先地位的基础科学理论图书；在工程技术理论方面有突破的应用科学专著。

2. 学术思想新颖，内容具体、实用，对国防科技和武器装备发展具有较大推动作用的专著；密切结合国防现代化和武器装备现代化需要的高新技术内容的专著。

3. 有重要发展前景和有重大开拓使用价值，密切结合国防现代化和武器装备现代化需要的新工艺、新材料内容的专著。

4. 填补目前我国科技领域空白并具有军事应用前景的薄弱学科和边缘学科的科技图书。

国防科技图书出版基金评审委员会在中央军委装备发展部的领导下开展工作，负责掌握出版基金的使用方向，评审受理的图书选题，决定资助的图书选题和资助金额，以及决定中断或取消资助等。经评审给予资助的图书，由中央军委装备发展部国防工业出版社出版发行。

国防科技和武器装备发展已经取得了举世瞩目的成就，国防科技图书承担着记载和弘扬这些成就，积累和传播科技知识的使命。开展好评审工作，使有限的基金发挥出巨大的效能，需要不断摸索、认真总结和及时改进，更需要国防科技和武器装备建设战线广大科技工作者、专家、教授，以及社会各界朋友的热情支持。

让我们携起手来，为祖国昌盛、科技腾飞、出版繁荣而共同奋斗！

国防科技图书出版基金
评审委员会

国防科技图书出版基金
2018 年度评审委员会组成人员

前言

缠绕复合材料壳体结构,由于具有优异的性能和良好的工艺性,已广泛应用于武器装备、航空航天、核工业及其他重要领域。与金属材料结构不同,复合材料结构对机械冲击载荷非常敏感,遭受低速冲击载荷后,会产生目视不可见损伤,这种损伤具有隐蔽性,不易被发现,对装备结构的完整性会形成潜在的巨大威胁。对于应用于武器装备、航空航天领域的战略性产品,会进一步影响其发射安全性和飞行可靠性。因此,缠绕复合材料壳体的低速冲击和结构完整性问题,成为学术界和工程界十分关注和迫切需要研究和解决的问题。

本书以缠绕复合材料典型结构为研究对象,针对其在低速冲击条件下的损伤和结构完整性问题,采用试验、理论建模和仿真模拟等方法,开展了较为系统的研究和阐述。首先对缠绕复合材料壳体力学分析方法、低速冲击损伤以及损伤后剩余强度的研究现状进行了综述,然后对缠绕复合材料制作工艺与细观力学特性进行了分析,并据此构建了界面损伤模型和纤维交叠区域刚度解析计算模型,给出了适用于缠绕复合材料结构特点的力学性能试验方法。在此基础上,基于连续介质损伤力学,构建了缠绕复合材料渐进损伤模型,发展了三维 Hashin 失效准则,建立了缠绕复合材料壳体低速冲击有限元模型,对缠绕复合材料壳体低速冲击过程进行了仿真研究。同时,阐述了缠绕复合材料壳体低速冲击试验情况,系统开展了缠绕复合材料壳体、缠绕复合材料平板、复合材料层合板三类结构的低速落锤冲击试验及冲击后损伤检测试验,通过对比分析给出缠绕复合材料结构的低速冲击损伤特性,研究了缠绕复合材料壳体在不同冲击能量、不同冲击部位下的冲击响应规律,并将试验结果与上述仿真结果进行对比,验证了仿真模型的有效性。基于验证有效的仿真模型,采用预定义场变量方法,构建了低速冲击与冲击后剩余强度的一体化数值仿真模型,并采用水压爆破试验进行了验证,然后采用该模型研究了不同因素对复合材料壳体冲击后剩余强度的影响规律。最后,采用结构可靠性评估思想,基于最终层失效,建立了概率渐进失效可靠性评估模型,并利用典型结构件和固体火箭发动机复合材料壳体对模型进行了验证。

本书的重点,也是特别有价值的地方:一是采用试验方法获得了缠绕复合材料典型结构在低速冲击条件下的大量翔实、可靠、全面的数据(包括冲击过程监测、冲击后损伤检测和含损伤结构的爆破数据),以及由此得到的冲击损伤特性和规律;二是构建了低速冲击与冲击后剩余强度的一体化数值仿真模型,并且通过试验验证,解决了"如何合理评价结构内部缺陷/损伤对纤维缠绕壳体爆破强度的影响"难题,可以直接应用于工程实践;三是在渐进失效分析中考虑不确定性,建立了基于概率渐进失效分析的可靠性评估模型,该模型在定量给出结构可靠性度量的同时,可以给出结构损伤演化过程。

本书由张晓军统稿,第 1 章 ~ 第 3 章由范士锋、李宏岩撰写,第 4 章和第 5 章由张晓军、刘万雷撰写,第 6 章 ~ 第 8 章由张晓军、李宏岩、范士锋撰写。

本书主要研究成果获得国家自然科学基金资助(批准号:11302249),本书的出版获得了国防科技图书出版基金资助。书中难免有不当之处,敬请广大读者批评指正。

作　者

2020 年 8 月

缩略语、变量说明

CDM	连续介质损伤力学
CT	计算机断层成像技术
CFRP	碳纤维增强复合材料
RVE	代表性体积元
SEM	扫描电子显微镜
σ_t	拉伸强度
P_t	拉伸破坏载荷
E_t	拉伸弹性模量
τ_s	层间剪切强度
b	试样宽度
h	试样厚度
α	固化度
T	温度
t	时间
V_f	纤维体积分数
V_m	基体体积分数
G_{IC}	模式Ⅰ断裂韧性
G_{IIC}	模式Ⅱ断裂韧性
G_{IIIC}	模式Ⅲ断裂韧性
$S_{12(13,23)}$	面内剪切强度
X_T	纤维方向拉伸强度
X_C	纤维方向压缩强度
Y_T	横向拉伸强度
Y_C	横向压缩强度
e	自然对数的底数
e_f	纤维损伤因子

e_m	基体损伤因子
e_{m_th}	厚度方向基体损伤因子
d_i	退化系数
ω_{ij}	损伤变量
m	韦布尔分布中的形状参数
λ	韦布尔分布中的尺度参数
m_f	纤维方向强度的韦布尔分布形状参数
m_m	垂直于纤维方向强度的韦布尔分布形状参数
$\Gamma(\cdot)$	伽马函数
t_i	界面层强度

目录

Contents

第1章 绪论

缠绕复合材料壳体作为一种典型的复合材料结构形式,因其具有较高的比强度、比刚度,且缠绕线型和缠绕角度可设计等优点,普遍应用于导弹、航天器及其他重要领域。固体火箭发动机燃烧室壳体、液体火箭推进剂贮箱、弹射式固体导弹发射筒,以及世界各国正在大力发展的各类高超声速飞行器等都大量采用了缠绕复合材料结构。

与以往常用的金属材料结构不同,复合材料结构对机械冲击载荷的作用非常敏感,即使在冲击能量较低,结构外表面未出现可视损伤的情况下,在复合材料内部也会发生基体开裂、分层和纤维断裂等损伤,使得结构强度大大降低。研究表明:低能量冲击损伤可使复合材料层合板强度下降35% ~55%[1-2],对结构的安全使用形成了潜在的、巨大的威胁。在缠绕复合材料结构实际使用过程中,遭受低能量冲击情况是不可避免的,例如工具坠落、设备碰撞、溅石撞击以及其他离散源冲击等。受到低能量冲击后,缠绕复合材料结构尤其是应用于导弹武器装备、航空航天领域的战略性产品,是否能够继续承载,剩余强度如何,将严重影响到各类飞行器的发射可靠性和飞行可靠性,成为工程界迫切需要解决的问题。

近年来,复合材料结构低速损伤及冲击后剩余强度问题引起学术界的广泛关注,成为复合材料结构损伤容限和结构完整性研究领域中的焦点课题。然而,现有复合材料低速冲击问题研究文献中的研究对象大多是航空工业中常用的层合、编织及夹层结构,对于导弹武器及航天装备中普遍采用的缠绕复合材料结构较少涉及。作为在重要战略领域普遍采用的典型结构形式,缠绕复合材料结构与其他形式的结构在制造工艺、细观结构、损伤模式和破坏机理等方面均有完全不同的特点,因此亟需针对这一结构开展低速冲击损伤和剩余强度研究。

鉴于此，本书以导弹武器中常用的缠绕复合材料壳体结构为研究对象，在系统分析缠绕复合材料细观结构特点的基础上，采用试验和仿真相结合的方法研究其在低能量冲击下的冲击响应规律、损伤模式，并建立缠绕复合材料壳体冲击后剩余爆破强度预测模型，研究不同损伤模式对结构强度的影响规律及含冲击损伤结构的破坏机理，为导弹发动机复合材料壳体、导弹发射筒、液体推进剂贮箱及复合材料气瓶等缠绕复合材料结构产品的设计与损伤评估提供理论参考和技术支撑，对于保证飞行器的发射可靠性、飞行可靠性及化工产品的使用安全性具有重要意义。

1.1 缠绕复合材料壳体力学性能分析方法研究现状

1.1.1 细观力学分析方法

对于复合材料而言，其组分性能、含量及细观结构的变化均会影响复合材料宏观性能的发挥，难以通过试验测试所有组合的复合材料性能，因此，研究人员试图建立复合材料组分性能与宏观性能间的定量关系，这就是复合材料细观力学的中心任务。目前比较成熟的复合材料细观力学分析方法主要包括分析法、细观有限元法、通用单胞法（Generalized Method of Cells，GMC）。

1. **分析法**

分析法是基于组分材料的本构关系，结合复合材料细观结构中应力、应变场的经验关系，求解复合材料宏观本构关系[3]。比较有代表性的分析方法有：Eshelby 等效夹杂法、Mori - Tanaka 方法、自洽模型及代表性体积元（Representative Volume Element，RVE）模型等。

分析法最初广泛用于分析单向复合材料的宏细观性能关系，在预测复合材料宏观模量方面起到了重要作用。然而，分析法往往仅能对具有细观规则夹杂复合材料进行分析，同时分析法也无法给出复合材料细观应力应变场的分布情况，不能用于研究细观损伤对复合材料宏观性能的影响。

2. **细观有限元法**

20 世纪 70 年代开始，细观有限元法随细观力学的发展而逐渐发展成熟，该方法的主要思路是首先采用有限元方法计算代表性单胞的细观应力、应变场，然后通过均匀化方法获得复合材料宏观应力 - 应变本构关系[4-8]。

细观有限元法还可以与损伤力学结合研究复合材料的细观损伤产生与扩展等问题[9-11]。

然而,细观有限元法在使用过程中任何细观结构的变化均需要重新划分有限元网格,这极大地限制了该方法计算效率的提高。

3. **通用单胞法(GMC)**

20 世纪 90 年代,NASA[13](美国航空航天局)首次提出采用 GMC 分析复合材料的结构和强度。GMC 的基本思想是:将复合材料代表性体积元分成若干子胞,通过求解子胞边界上的位移和应力连续条件最终得到复合材料宏细观场量之间的关系[14-18]。为了满足宏细观分析的需要,NASA 把 GMC 模型从二维扩展到三维,并不断推出基于 GMC 的相关软件[19-21],并加入了界面脱黏、疲劳等损伤形式以及不同的材料本构模型,用于分析复合材料的损伤和疲劳等强度问题。国内关于胞元模型的研究和应用起步都较晚,雷友锋、孙志刚等[22-24]在这方面做了大量工作,改进了以应力为未知量的 GMC 模型,跟踪和发展高精度胞元模型,进行了金属基复合材料宏细观一体化分析方法的尝试。

以上研究中涉及的复合材料结构有一个共同特点,即宏观结构可以认为是由许多相同的细观 RVE 按一定规律排列组合而成的。同时,RVE 必须同时满足相对于宏观尺度足够小且能充分反映复合材料细观结构特征这两个条件。

然而,对于缠绕复合材料结构而言,很难选取通用的 RVE 模型,目前的文献中较多建立的是局部区域模型。沈创石等[25]建立了一种关于缠绕复合材料交叠区域的细观模型,采用离散化的方法将该模型分成多个子模型,结合经典的复合材料混合定律,研究了缠绕复合材料中纤维束截面形状、纤维束起伏角度等参数对局部刚度的影响。和欣辉等[26]采用细观有限元法研究了缠绕复合材料交叠区域在固化过程中产生的残余应力及其变化规律。温卫东等[27]将细观有限元法与损伤力学相结合,建立了缠绕圆管轴向拉伸模型,分析了不同线型对缠绕复合材料强度的影响规律,结果表明缠绕线型对拉伸强度有一定影响。此外,许多学者也采用分析法对缠绕复合材料细观特征进行了研究,并取得了一些有益成果[28]。

截至目前,关于缠绕复合材料细观特性的研究十分有限,且并未充分考虑到缠绕线型交叠对宏观性能的影响,因此有必要对缠绕复合材料细观特性开展进一步研究,以期建立适用于缠绕复合材料细观特性分析的通用模型。

1.1.2 宏观力学分析方法

缠绕复合材料壳体宏观力学性能分析方法主要包括网格理论、薄膜理论、二维板壳理论和三维弹性理论。

1. 网格理论

在网格理论中假设载荷全部是由复合材料中的纤维承担的,忽略了基体的作用。在缠绕复合材料壳体初步设计阶段,工程实践中[29-31]常采用网格理论确定缠绕复合材料壳体所需的层数和爆破时的应力值。

2. 薄膜理论

薄膜理论又称为复合理论或层板理论,薄膜理论中假设复合材料由一定数量的纤维和基体组成的单层板构成,多层复合材料单层板共同承载,即薄膜承载。该理论考虑了基体的承载和传载作用。但是无法处理几何、材料和载荷的不连续性,并且未考虑横向剪切,不能准确给定有效曲率变化区域上的局部应力。在复合材料层合板结构及部分缠绕复合材料压力容器的设计中得到了应用。

3. 二维板壳理论

二维板壳理论可以分为经典板壳理论、一阶剪切理论、高阶剪切理论等。

经典板壳理论中假设:①壳体厚度和位移与半径相比非常小;②忽略垂直于壳体表面的应力;③直法线假设;④忽略壳体的横向剪切变形。

一阶剪切理论由 Mindlin 提出,是在经典板壳理论基础上用直线假设取代直法线假设,认为厚度方向上的剪应力呈均匀分布,同时引入剪切修正系数,对直法线假设的误差进行修正。

高阶剪切理论中用高阶位移函数取代一阶剪切理论中的线性表达式,综合考虑了板壳横向剪切变形和横向正应变的影响。

4. 三维弹性理论

三维弹性理论中将复合材料作为三维弹性体进行分析,因此不需要对复合材料结构及其位移、应力做任何简化。采用三维弹性理论对复合材料结构进行分析时需要建立三维有限元模型,根据其应力、位移边界条件和连续条件对该方程进行求解,最终能够同时获得层内、层间及厚度方向上的应力、应变分布规律。

实际受载过程中,缠绕复合材料壳体往往会发生很大的变形,同时壳体在发生最终破坏前其内部往往已经出现了的基体开裂、层间分层以及纤维断裂等损伤,采用上述弹性理论分析会引起较大的误差[32-33]。因此许多学者采用三维弹性理论结合有限元法及刚度衰减方案,对复合材料壳体的渐进损伤破坏过程进行模拟。段登平等[34]推导建立了复合材料壳体损伤场和损伤增量场的本构关系,并结合大变形理论对壳体进行了非线性分析,该方法可以对复合材料受力后的应力、应变场进行较为精确的分析。杨眉等[35]对固体火箭发动机中缠绕复合材料壳体在内压作用下的破坏过程进行了仿真和试验研究,结合渐进损伤本构模型,预测了复合材料壳体的损伤模式及损伤演化规律。

然而,以往在进行缠绕复合材料结构的力学分析时,大部分采用的是复合材料层合板相关测试数据,缺乏针对缠绕复合材料力学性能的专门测试,同时分析中也忽略了复合材料面内剪切非线性的特征。因此有必要开展缠绕复合材料相关力学性能测试,并分析面内剪切非线性对缠绕复合材料壳体力学性能的影响。

1.2 缠绕复合材料低速冲击问题研究现状

目前,学术界一般将复合材料冲击问题分成三类:低速冲击、高速冲击、超高速冲击,但三者之间的界限尚未有统一定义。Sjoblom、Cantwell 和 Abrate 等[36-39]根据研究对象的不同,分别将外来物体速度在 1 ~ 10m/s 之间和 1 ~ 100m/s 之间的冲击过程定义为复合材料低速冲击。Malvem 和 Joshi 等[40-41]建议冲击类型应该依据冲击损伤的类型来区分,据此将复合材料靶板产生穿透损伤时定义为高速冲击,将复合材料主要出现分层和基体开裂损伤时定义为低速冲击。Davies 和 Robinson[42]定义压缩应变:$\varepsilon = v_{impact}/v_{sound}$,当应变处于 0.5% ~ 1% 之间时,定义为低速冲击,当应变大于 1% 时,定义为高速冲击。本书将复合材料靶板中未出现穿透损伤的情况统称为低速冲击。

从 20 世纪 80 年代开始至今,国内外学者针对复合材料结构低速冲击问题开展了广泛研究,这些研究主要集中在三个方面:①低速冲击响应规律与损伤机理研究;②低速冲击影响因素研究;③低速冲击损伤数值仿真预测方法研究。

1.2.1 低速冲击响应规律与损伤机理研究

国内外学者主要采用低速落锤冲击试验和准静态压痕试验研究复合材

料低速冲击损伤机理。Choi 等[43-44]开展了复合材料层合板低速落锤冲击试验,重点研究了低速冲击作用下复合材料层间分层与层内基体破坏之间的关系,研究结果表明,面内基体裂纹积累到一定程度时引起层间分层损伤,外表面法向应力和层间剪切应力对分层扩展有重要影响。Moura 等[45]通过对碳纤维复合材料层合板低速落锤冲击试验得出:①低速冲击后复合材料内部的主要损伤形式是分层和基体裂纹;②两种损伤存在相互联系;③分层损伤只存在与不同角度的铺层之间,且分层损伤形状呈双叶形,主轴方向和界面较低处的纤维方向一致。

国内沈真等[46-50]针对复合材料低速冲击问题进行了大量的试验研究,他们认为随着冲击能量的增加,层合板的冲击损伤外部形貌大致会经历以下几个阶段:①未损伤状态;②前表面目视不可检损伤状态;③前表面目视可检损伤状态;④穿透损伤状态。此外,对于冲击能量与损伤的关系,沈真等得出以下结论:在达到穿透损伤状态之前,虽然不同能量的冲击会产生不同的损伤面积,但其损伤面积的形状具有相似性;在达到穿透损伤状态之前,损伤面积与冲击能量基本呈线性关系。程小全等[51-52]研究了 T300/5228 复合材料层合板在不同冲击能量下的冲击损伤,得出了与沈真等一致的研究结果。徐宝龙等[53]研究发现低速冲击导致的复合材料层间分层损伤与载荷-时间曲线中的第一个突变点有关,并提出了采用细观界面剪切强度预测分层损伤。郑晓霞等[54]发现复合材料低速冲击试验与准静态压痕试验结果存在等效性,并建立了准静态压痕力与冲击能量之间的对应关系。

以上研究的对象都是复合材料层合结构,此外,国内外学者还针对蜂窝夹层复合材料[55-59]、纺织复合材料等[60-65]的低速冲击问题进行了研究,并得出了许多有价值的结论。

然而,Bert 认为[66]不同工艺加工出的试验件测试得到的试验数据是不通用的,因此必须在参考和借鉴这些试验结果和结论的基础上,针对缠绕复合材料结构进行专门研究,才更有实际的应用价值。Rousseau 等[67]采用试验方法研究了缠绕中的交叠现象对缠绕复合材料结构力学性能的影响规律,结果表明纤维交叠现象的存在加速了材料损伤的扩展。Moreno 等[68]分析了缠绕线型的影响,认为缠绕线型主要影响纤维的波动程度,从而影响缠绕结构的局部刚度。总体说来,缠绕复合材料其特有的成形工艺和结构形式,因此其失效机理与其他类型的复合材料也不相同。

20 世纪 90 年代中期开始,以美国航空航天局为代表的国外机构对缠绕复合材料壳体结构(复合材料气瓶、火箭发动机复合材料壳体等)的低速冲击损伤问题开展了一系列研究[69-70]，研究结果表明：①缠绕复合材料壳体结构的冲击损伤主要包括层间开裂、表面凹坑及纤维束开裂三种；②低速冲击损伤对压力容器的安全使用形成了巨大威胁；③不同部位受到冲击时，压力容器的冲击响应与损伤程度也不相同。

综上所述，复合材料在低速冲击后具有复杂的损伤形式，如基体开裂、层间分层、基体纤维剪切和纤维断裂等，这些损伤形式同时存在并且彼此诱发和相互耦合。同时，由于国内缠绕复合材料壳体结构的产品研制和使用时间较短，关于复合材料壳体结构低速冲击方面的试验研究相对较少，因此亟需开展相关试验，研究缠绕复合材料壳体结构在低速冲击作用下的冲击响应规律和失效机理。

1.2.2　低速冲击损伤影响因素研究

低速冲击作用下的复合材料冲击响应与损伤程度与外来冲击物的尺寸、重量、冲击能量以及被冲击物尺寸、边界条件等诸多因素相关，国内外学者对此进行了大量研究。这些研究可以分为以下几类：①关于冲击物形状、尺寸的影响；②关于被冲击物材料、纤维角度及尺寸的影响；③被冲击物边界条件的影响；④外界环境因素的影响，下面主要对前三类情况进行分析。

在已有的文献中，关于外来冲击物体形状对复合材料冲击损伤的影响主要采用球形冲头、锥形冲头、平板形冲头等进行相关试验；关于外来冲击物体尺寸的影响主要采用不同直径的半球形冲头进行。其中 Icten 等[71-72]开展了不同冲头尺寸、不同靶板厚度下复合材料层合板低速落锤冲击试验，研究了冲击过程中的最大接触力、最大变形、最大接触时间及吸收能量与冲头尺寸之间的关系及冲头尺寸对复合材料层合板低速冲击的初始损伤阈值的影响规律。研究结果表明：①初始损伤产生时的接触力与层板厚度成正相关关系，靶板尺寸对初始损伤接触力的影响不大；②冲头直径越小，初始损伤接触力越小。

Lee 等[73-75]研究了不同冲头形状对复合材料层合板冲击损伤的影响，研究结果表明：①半球形冲头和平头冲头引起的复合材料失效模式大致相同，而锥形冲头引起的冲击损伤较为严重，局部出现穿透损伤；②锥形冲头冲击时，复合材料靶板吸收的能量最小；③半球形冲头最先导致基体开裂，随后是纤维断裂，而平底冲头导致的是层板剪切失效，且冲头下方的损伤面积更大。Wakayama 等[76]在研究缠绕复合材料筒的低速冲击时同样观察到随着冲头直径的增加，冲击损伤模式从纤维断裂变为分层。

Lopes 等[77-82]采用试验方法研究了曲率对复合材料层合壳低速冲击响应及冲击损伤的影响规律,结果表明:①在复合材料面内和弯曲刚度不变的前提下,曲率越大,损伤越分散,冲击力越小;②曲率越小,损伤越集中,冲击力越大。美国航空航天局对不同形状、不同尺寸的缠绕复合材料壳体结构进行了低速冲击试验[83-85],结果表明:①肉眼可见的损伤对应的冲击能量阈值随壳体结构尺寸和形状的不同而不同;②相同形状的壳体,壳体尺寸越大,其抗冲击能力越弱;③球形容器的抗冲击性能好于相同材料、相同厚度的圆柱形复合材料容器。针对不同复合材料种类、不同铺层角度复合材料层合板的相关研究较多,篇幅所限,不一一列举。

在复合材料结构实际的使用过程中,受到外来低速冲击的同时结构内部往往还存在一定的初始预应力,比如复合材料气瓶中的内压载荷及飞机机翼复合材料结构中存在的压缩载荷。Chen 和 Mitrevski 等[86-87]分别采用仿真和试验方法对存在初始面内载荷作用的复合材料层合板低速冲击问题进行了研究,并与未受载的复合材料层合板冲击结果进行了对比分析,结果表明:①初始的拉应力会降低冲击接触时间;②初始的压应力会增加冲击接触时间。Whittingham 和 Robb 等[88-89]对面内单轴和双轴加载情况下的复合材料层合板进行了低速落锤冲击试验,结果表明:①当冲击能量较低时,初始预应力对复合材料层合板冲击后凹坑深度和冲击过程中最大接触力的影响并不明显;②初始预应力的存在对于复合材料内部损伤形状、大小有显著影响。

国内任明法等[90-91]采用有限元仿真方法分析了不同冲击部位、不同工况下缠绕复合材料压力容器的冲击响应和损伤状况,结果表明:①缠绕复合材料压力容器最敏感的冲击部位在封头与筒段连接处;②压力容器内部充压时,冲击过程中造成的纤维和基体压缩损伤程度会随内压增加而降低。许光等[92]对研究缠绕复合材料气瓶不同冲击部位下的低速冲击损伤特性。张国晋等[93]对缠绕气瓶垂直跌落和局部碰撞情况进行了仿真分析,结果表明碰撞导致的损伤比跌落时更为严重。

综上所述,可知影响复合材料结构低速冲击损伤的因素众多,因此有必要结合导弹/航天武器装备中缠绕复合材料壳体的使用实际,开展缠绕复合材料壳体低速冲击损伤影响因素的相关研究。

1.2.3 低速冲击损伤数值仿真预测方法研究

由于复合材料低速冲击试验需要耗费大量人力物力,且试验方法很难穷尽所有可能,因此许多学者寻求建立一种可靠、有效的数值方法研究复合材料的低速冲击损伤问题。复合材料低速冲击数值模拟不仅能够真实地再现整个冲击过程,而且还能获得冲击过程中各物理量之间的变化关系,为相应的理论及试验研究提供参考。

在复合材料低速冲击问题研究的初期,许多学者试图建立复合材料层合板低速冲击响应的解析方程,比较有代表性的有 Christorforou 和 Cairns 等[94-96],但解析方法只适用于简单的边界条件,通用性较差。为克服这一缺点,越来越多的学者开始借助于数值模拟方法研究复合材料的低速冲击问题,在复合材料仿真过程中最为关键是建立复合材料损伤本构模型和选取合适的复合材料冲击损伤失效准则。

目前,学术界关于复合材料损伤问题数值模拟的方法大致可以分为三类:失效准则方法、断裂力学方法和连续介质损伤力学方法。在复合材料低速冲击分析中较为常用的是失效准则方法和连续介质损伤力学方法。

1. 失效准则方法

失效准则方法最早是采用关于应力或应变的多项式预测单向复合材料的静态拉压失效,该方法是从宏观角度对复合材料损伤进行定性分析。在使用该方法对复合材料结构进行低速冲击分析时,首先要获取复合材料内部的应力/应变分布情况,若应力/应变满足相应的失效准则,则对材料性能进行退化,材料退化系数一般根据试验或经验值确定。

在采用失效准则方法进行分析时最重要的是失效准则的选择及复合材料损伤后性能退化方案的确定。目前学术界内常用的失效准则包括最大应力/应变失效准则、Hashin 失效准则、Chang - Chang 失效准则、Tsai - Wu 失效准则等。其中最大应力/应变失效准则由于只能以单一材料性能作为判据,无法考虑复合材料中多种应力的综合作用,较少有人使用该准则。

Meo 等[97]采用经典 Chang - Chang 失效准则对复合材料冲击损伤过程进行了分析,分析过程中只考虑了面内损伤并未考虑层间分层。Hou 等[98]对 Chang - Chang 失效准则进行了改进,并采用改进后的准则和应力退化方案对复合材料结构低速冲击损伤过程进行了仿真计算,仿真结果与试验结果较为一致。Wang 等[99]将 Hashin 失效准则和层合板理论引入复合材料横向冲击的仿真计算中。Moura 等[100]以试验过程中获得的接触力 - 时间关系为基础,对低速冲击下层合板的应力状态进行了分析,然后通过相应的失效准则对结构内部的分层损伤进行判别,但在模型中将层合板的冲击过程等效为准静态过程,与实际情况不符。

温卫东等[101]发展了纤维拉伸断裂和纤维挤压断裂准则，利用该失效准则能够区分冲击正面由挤压应力引起的纤维断裂和冲击背面由拉伸应力引起的纤维断裂。张彦等[102]建立逐渐累积损伤分析模型预测复合材料层合板在低速冲击作用下的损伤，模型中采用基于应变描述的 Hashin 失效准则预测层合板内的层内损伤，同时采用非线性的方法对损伤区域进行材料参数退化。张丽等[103]采用的是基于应变的失效准则模拟复合材料层合板在低速冲击作用下的面内损伤，与 Cohesive 单元相结合对复合材料层合板在低速冲击作用下的损伤进行预测。张华山等[104]采用单层板的最大正应力破坏准则以结合相应的刚度折减方案材料实现层合板的冲击承载能力分析。

单独采用失效准则方法研究复合材料低速冲击问题时，有限元模型往往难以收敛，因此实际中经常结合断裂力学方法进行分析以提高计算效率和稳定性。

2. **断裂力学方法**

在复合材料低速冲击分析中，部分学者根据复合材料破坏过程中释放的断裂能判断裂纹起始和扩展情况，将断裂力学方法引入到复合材料失效准则中。

Moura 等[105-106]将复合材料层内和层间损伤与复合材料结构内部的状态变量联系起来，采用断裂力学的方法对复合材料冲击中的纤维断裂和基体破坏进行了模拟计算。Bouvet 等[107-108]基于断裂力学方法，采用界面单元和体积单元建立了 0°、45°和 90°铺层的层合板模型，并在进行网格划分时考虑了不同铺层方向层板的差异，使得复合材料内部产生裂纹后能够沿网格边界扩展，较好地模拟了基体破坏和分层损伤。但是该模型对于网格划分有特殊要求，无法应用到其他铺层角度复杂的复合材料结构中。

虽然断裂力学方法中使用的是能量准则，在分析计算时数值稳定性较好，但该方法同样存在局限性，即若要准确预测损伤扩展必须知道裂纹出现的位置和大小。因此，断裂力学方法主要用于复合材料层间分层损伤的分析计算中[109-110]。

3. **连续介质损伤力学（Continuum Damage Mechanics，CDM）方法**

近些年来，许多研究人员尝试采用连续介质损伤力学方法研究复合材料低速冲击损伤问题，并取得了较好的效果。基于连续介质损伤力学的复合材料模型中主要包括应力/应变分析、失效准则、损伤变量定义及损伤演化方程四部分。该方法最早是由 Kachnaov 和 Rabotnov 提出来的，最初是用来分析金属蠕变过程中内部微观缺陷产生的宏观响应，后来逐渐应用于各向异性复合材料的损伤分析中。

连续介质损伤力学方法的优点在于,其能够与不同应力/应变准则结合使用预测复合材料内部损伤起始,然后采用断裂力学方法与内部损伤变量结合判断损伤扩展情况。因此,国外许多学者开始采用该方法对复合材料低速冲击问题进行研究,并已取得了一些有代表性的成果。Donadon 和 Faggiani 等[111-113]在连续介质损伤力学模型中结合弹塑性理论对复合材料冲击过程中形成的表面凹坑进行了研究。Maimi 等[114]基于连续损伤介质力学方法建立了复合材料低速冲击损伤弹塑性本构模型,并引入与复合材料应力分量关联的一阶损伤张量对复合材料纤维方向和横向的损伤起始和演化过程进行了仿真计算。Willams 等[115]基于连续介质损伤力学方法建立了平面应力状态下的复合材料损伤模型,模型中针对复合材料不同失效模式引入了三个损伤变量,并采用壳单元对复合材料层合板的低速冲击损伤问题进行了仿真计算。然而,该模型中的损伤变量并没有实际的物理上的意义,也很难通过试验方法确定其演化过程。Feng 等[116]采用连续介质损伤力学方法结合 Cohesive 单元建立了复合材料低速冲击渐进损伤分析模型,模型中引入了与复合材料应变相关的二阶损伤张量,并着重对复合材料厚度方向上的损伤进行了研究。Iannucci 等[117-118]将连续介质损伤力学方法与断裂力学方法相结合,通过将临界能量释放率准则判断复合材料失效,同时考虑复合材料剪切非线性因素的影响,采用显式有限元方法对编织复合材料的低速冲击响应和面内损伤情况进行了分析,取得了与试验相吻合的结果。国内赵士洋和张彦等[119-122]也分别采用连续介质损伤力学模型对复合材料低速冲击损伤问题进行了研究。

通过以上分析可知,虽然连续介质损伤力学方法在复合材料低速冲击分析中得到了较为广泛的应用,但是目前大部分的仿真研究中关于损伤变量的定义及损伤演化准则的选取具有很大的随意性,并没有形成统一体系,仍需进行深入研究。同时,以往研究中经常将缠绕复合材料壳体结构简化为层合板模型[123-125],忽略了缠绕复合材料结构特性,因此有必要建立典型的缠绕复合材料壳体损伤模型分析其低速冲击响应规律和损伤情况。

1.3 含损伤复合材料结构剩余强度研究现状

关于复合材料冲击后剩余强度的文献中,大部分的研究对象是复合材料层合板结构,主要研究内容包括冲击后剩余拉伸强度和剩余压缩强度两种。目前,关于缠绕复合材料壳体结构冲击后剩余强度的相关研究鲜见报道。复合材料冲击后剩余强度的研究方法大体上可以分为两类:宏观唯象法和基于模型的方法。

1.3.1 宏观唯象法

宏观唯象法是一种基于试验观察的经验或半经验方法,该方法的研究主要是将冲击后复合材料结构剩余强度与冲击能量建立联系,表达成冲击能或者与冲击能有关的变量的函数。Caprino 等[126-128]建立了冲击能量与层合板冲击后剩余拉伸强度之间的函数关系,当冲击能量低于某一阈值时,层合板强度不变;当冲击能量超过这个阈值后,即可根据相应的函数关系估算层合板剩余强度。Hosur 等[129]采用分段函数建立了层合板冲击能量与剩余压缩强度之间的关系式。施平等[130-131]依据复合材料层合板低速冲击后剩余拉伸强度试验,建立了复合材料冲击后剩余强度的概率分布模型。

依据宏观唯象法建立的经验模型在使用时过分依赖于试验数据,同时模型中的参数很难确定,并且经验模型大都低估了复合材料结构的剩余强度[132],降低了结构的使用效率,因此该方法应用范围较窄。另外,这些模型中大多将冲击损伤等效成规则形状,而实际中冲击损伤的随意性很大,这种人为的简化不可避免地影响最后的预测精度。

1.3.2 基于模型的方法

为了克服宏观唯象法的缺点,国内外学者提出了基于模型的含损伤复合材料剩余强度研究方法,该方法又可分为二维模型方法和三维模型方法。

1. **二维模型方法**

Soutis 和 Curtis 等[133-134]依据冲击后复合材料压缩失效模式与中心开口复合材料结构的相似性,将复合材料层合板的冲击损伤近似地看作一个圆柱形开孔,开孔大小通过无损检测试验确定,从而建立含冲击损伤复合材料剩余强度等效分析模型。Suemasu 等[135]建立了含分层损伤的复合材料层合板剩余压缩强度的有限元模型,将分层损伤的形状简化为圆形并通过 Cohesive 单元放置于层间,在模型中同时考虑了结构不稳定和分层损伤的扩展问题。Xiong 等[136]将层合板内部损伤面积等效成椭圆形软化夹杂进行建模,对冲击后层合板料剩余压缩强度进行了计算。Qi 等[137]建立了一种预测碳纤维复合材料层合板剩余压缩强度的半经验模型,其中将冲击损伤简化为刚度按指数函数退化的软化夹杂,采用多变量方法模拟软化夹杂附近的应力分布情况，并结合最大应力失效准则预测复合材料剩余强度。程小全等[52]将冲击损伤等效成圆形低刚度的夹杂建立了复合材料冲击后剩余压缩强度模型，并采用点应力准则作为压缩失效判据。童谷生等[138]将复合材料冲击损伤区简化为圆形，在此基础上采用解析模型对复合材料剩余强度进行了估算。张永明等[139-140]采用开孔等效方法对缠绕复合材料气瓶冲击后剩余强度进行了工程估算。

上述基于二维模型的分析方法很显然不能真实反映复合材料结构的损伤破坏情况，只能应用于部分情况。

2. 三维模型方法

在三维模型方法中，应用较为广泛的是逐渐累积损伤分析方法，该方法可以预测复合材料结构在整个加载过程中损伤累积与发展的过程。Rivallant 等[141-142]建立了重点考虑纤维断裂和分层损伤的复合材料冲击有限元模型，利用其对复合材料冲击后剩余强度进行了仿真计算，计算结果与试验结果较为一致。Falzon 等[143-144]建立了考虑剪切非线性和层内混合损伤的复合材料低速冲击有限元模型，分析了复合材料冲击后剩余强度，并与相关文献中的试验数据进行了对比验证。Oskay 等[145]针对编织复合材料低速冲击过程中产生的层内和层间损伤，建立了降阶多尺度模型，该模型中显示模拟含损伤复合材料在压缩载荷作用下的基体和纤维损伤扩展情况，同时采用 Cohesive 单元模拟了层间分层损伤扩展。崔海坡等[146]针对复合材料层合板的冲击及冲击后的压缩破坏过程提出了一种全程分析方法，该方法中采用三维有限元模型预测复合材料层合板在冲击载荷作用下的损伤，并且将损伤直接应用于随后的剩余压缩强度研究中，从而提高了结果的准确性，也避免了大量的试验。

目前，关于含损伤缠绕复合材料结构剩余强度的分析较少，且大部分采用的是与层合板剩余强度相同的分析方法。Uyaner 和 Wakayama 等[147-148]分别针对缠绕复合材料管道在低速冲击后的剩余爆破强度和剩余疲劳寿命进行了试验研究。Lee 等[149]采用 ABAQUS 中的重启动分析方法对缠绕复合材料圆筒的低速冲击后剩余爆破强度进行了仿真分析。王冬旭[150]对采用渐进损伤分析方法结合 Hashin 失效准则对缠绕复合材料气瓶低速冲击后的剩余强度问题进行了研究。蒋喜志等[151]通过缠绕标准容器中预制了表面损伤，研究了表面纤维损伤对压力容器爆破压力的影响，结果表明表面纤维损伤会使得局部发生剪切破坏，导致复合材料压力容器强度降低。徐延海等[152]采用有限元方法研究了不同表面损伤对缠绕复合材料气瓶强度的影响。

对于渐进损伤分析方法,材料属性的退化方案是影响仿真计算精度的一个重要因素。Kim 等[153]应用逐渐损伤方法预测了缠绕复合材料压力罐设计方案的爆破压力,其中采用了单元失效方法,单元属性退化准则是将初始弹性模量乘以一个退化系数,但没有说明该系数的取值依据。佟莉莉和张博明等[154-155]基于复合材料层合板力学性能对缠绕复合材料刚度退化准则进行了试验和理论分析,然而复合材料层合板的试验结果是否能直接应用于缠绕复合材料尚有疑问。

通过上述分析可知,含损伤复合材料结构剩余强度的研究十分复杂,且以往研究中更多关注的是复合材料层合板结构,对于含损伤缠绕复合材料结构剩余强度问题的研究相对较少。同时,复合材料剩余强度研究中采用的渐进损伤分析方法存在如下问题:在分析中虽然考虑了单元失效,但是忽略了单元失效后对整体结构应力、应变场的影响;无法有效分析加载过程中复合材料内部不同损伤模式对结构强度的影响。

相对复合材料层合板结构而言,缠绕复合材料壳体结构在实际中主要承受内压载荷,且在受到外界冲击时结构内部一般存在初始预应力,进一步加大了壳体结构冲击后剩余强度问题研究的复杂性。因此,需要建立针对含损伤缠绕复合材料壳体结构的剩余强度分析模型,并开展壳体结构在不同工况、不同部位冲击后的剩余强度研究,分析不同冲击损伤模式对其冲击后剩余强度的影响规律。

1.4 复合材料结构可靠性研究现状

目前,研究者已对该领域进行了大量研究工作。文献[156-167]对于如何将概率统计理论应用于描述单向纤维复合材料强度分布进行了探讨性的研究。Scop 和 Argon[168]尝试利用平行系列模型来描述复合材料随机破坏过程中纤维之间的相互作用。Zenben 和 Rosen[169]用累积衰减模型分析了复合材料的复杂随机破坏过程。Wu、Chou[170]和 Zwaag[171]基于最弱键理论探讨了韦布尔概率分布函数对纤维强度随机分布的描述。文献[172-174]尝试将蒙特卡罗模拟与剪滞模型等应力分析方法相结合,从细观力学角度分析了单向碳纤维增强复合材料拉伸强度的分布及其破坏过程。King[175]用概率统计方法对纤维缠绕复合材料和金属材料的性能分布进行了对比分析,得出前者性能分布的离散程度远远大于后者的结论。Gao[176]研究了受面内载荷作用下复合材料单向板的可靠性。文献[177-184]对单向复合材料纤维体积比对其强度离散性的影响作了大量理论及试验研究。李强和周则恭[185]采用结合对偶抽样的蒙特卡罗法求解了碳纤维复合材料单层板的可靠度。

一些研究人员对不同载荷下、具有各种不同随机参数的复合材料层合板可靠性进行了研究。Sun、Yamada[186]和Cederbaum等[187]研究了平面载荷作用下强度作为随机参数的复合材料层合板的失效概率。Cassenti[188]研究了基于韦布尔最弱连接假设的复合材料层合梁和层合板的首层失效概率及失效区域。Kam和他的助手们[189-190]及Engelstad和Reddy[191]研究了确定的和随机的横向载荷作用下线性和非线性复合材料层合板的可靠度。Gurvich和Pipes[192]采用多步失效法研究了弯曲复合材料层合梁的失效概率。Lin等[193]给出了弯曲失效模式和/或首层失效模式下,具有随机材料特性的复合材料层合板的可靠性分析程序。Hasofer和Ang等[194-195]首次将一次二阶矩法用于复合材料层合板的可靠性分析中,并将结果与蒙特卡罗模拟所得结果进行了比较,二者吻合较好。Engelstad、Nakagiri和Hong等[196-198]将纤维缠绕角及材料性能作为基本随机变量,在一阶剪切变形理论的基础上应用随机有限元法模拟了复合材料层合结构的可靠性分析,极大推动了复合材料结构可靠性分析理论的发展。Mohamed[199]编制ANSYS有限元软件对复合材料圆管结构的纤维缠绕角进行了优化模拟,并研究了各设计变量随机分布对最佳缠绕角的影响。Lin[200]分别应用蒙特卡罗法和一次二阶矩法对受横向载荷作用的复合材料层合板进行了可靠性预测,并探讨了几种强度准则对复合材料层合板可靠性分析的适用性。Wu等[201]采用蒙特卡罗法获得复合材料层合板的不同强度,然后基于Tsai-Hill准则或Tsai-Wu准则使用这些强度计算复合材料首层失效概率。Frangopol和Recek[202]研究了承受横向随机载荷的纤维加强复合材料层合板可靠性,采用Tsai-Wu失效准则预测失效载荷,通过蒙特卡罗法计算失效概率。在国内,羊妗和马祖康[203]首先提出用全量载荷法计算复合材料层合板的可靠性,并进一步提出变刚度全量载荷法[204]计算由复合材料和金属材料组成的混合材料的可靠性。宋云连、李树军和王善[205]采用随机有限元法结合改进的一次二阶矩法,对加强纤维复合材料板结构进行了可靠性分析。陈念众、张圣坤和孙海虹[206]给出了复合材料船体纵向极限强度可靠性分析。许玉荣等[207]采用遗传算法对复合材料层合板的可靠性优化问题进行了分析。

目前,对于纤维缠绕复合材料压力容器的可靠性分析与设计的相关文献很少。其中,由设计变量引起的应变与爆破压力的分散性已在许多试验中观察到[208-211]。Cohen[210]指出,对于材料性能的随机分布进行概率统计分析,是进行复合材料压力容器结构设计的前提和基础。Rai 和 Pitchumani[213]尝试利用应力-强度干涉模型以成束纤维纱线的强度作为纤维基本强度对复合材料压力容器进行了可靠性分析,并首次探讨了纤维体积比对复合材料压力容器强度的影响,但理论结果颇具争议。

综上所述,目前对于复合材料结构可靠性研究主要体现在以下两方面:①对纤维、单向板强度的分布统计和分散性分析;②简单层合板(梁)在不同载荷(主要是面内载荷和弯曲载荷)作用下的失效概率。值得注意的是,所涉及的参考文献中除个别考虑了后损伤情况外,绝大部分是以首层失效假设为基础进行概率计算的。对于承载结构,基于首层失效假设的分析是非常保守的,因此进一步的研究方向是将概率统计分析与基于最终层失效假设的失效演变分析相结合,以获得复合材料结构的极限承载能力的分布,并计算其失效概率。

第2章 缠绕复合材料工艺与细观特性分析

缠绕复合材料壳体制作过程中,会在壳体表面出现纤维束/带的交叠、起伏现象,由于起伏纤维束的取向不在同一平面,因此起伏区域的力学特性与层合区域不同,当结构受载时,弹性模量较低的区域内的变形比周围区域更加严重,进一步发展成为弯曲和断裂的根源,这将对缠绕复合材料结构的破坏产生较大影响。在以往针对缠绕复合材料结构的力学分析中,常常将其简化为复合材料层合板进行相关研究,然而,这种简化分析往往忽略了缠绕复合材料壳体内部细观结构的特殊性,导致分析结果的针对性和可靠性不强。

因此,本章首先对缠绕复合材料制作工艺流程进行阐述,然后对缠绕规律及特点进行分析,为缠绕复合材料力学性能预测和细观损伤模型的建立奠定基础。

2.1 缠绕复合材料壳体制作工艺分析

缠绕成形工艺是一种较为常用的复合材料成形方法,它是在设定的纤维张力和线型的前提下,将浸渍树脂的纤维在相应的芯模或内衬上进行连续缠绕,缠绕完成后按照一定条件进行固化,最终形成缠绕复合材料制品。缠绕成形工艺的生产效率更高,成本更低。

缠绕规律是指导丝头与芯模之间的相对运动规律,虽然缠绕制品多种多样,缠绕形式也千变万化,但缠绕规律基本上可以分为以下三类:环向缠绕、纵向缠绕和螺旋缠绕,下面分别对三种缠绕规律进行简单介绍。

缠绕规律的研究主要采用标准线法和切点法。标准线法的基本点就是通过容器表面的某一特征线——“标准线”来研究制品的结构尺寸与导丝头和芯模之间的相对运动的规律。切点法是通过对极孔上纤维切点分布规律的研究,从而分析芯模转角与线型、转速比之间的关系。这里主要采用切点法对螺旋缠绕规律进行分析。

1. **切点数与线型关系**

线型简单地讲就是指纤维在芯模表面的排布形式。使纤维均匀缠满芯模表面,需要若干条由连续纤维形成的标准线,标准线的排布形式,决定了芯模表面纤维的缠绕特征。这些缠绕特征通常包括反映缠绕花纹特征的纤维交叉点、交带及其分布规律。

螺旋缠绕过程中纤维在芯模极孔圆周处形成的切点按数量分为单切点和多切点两种。单切点是指在出现与初始切点相邻的切点前芯模极孔圆周处只存在一个切点,该切点不仅与初始切点位置相邻时序上亦相邻。多切点即在出现于初始切点相邻切点前芯模极孔圆周处存在两个及以上的切点,且与初始切点位置相邻的点在时序上不相邻。当切点数大于 2 时,切点的排布顺序不是唯一的。

纤维螺旋缠绕时,若要铺满芯模表面必须满足以下两个条件:

(1)芯模极孔圆周处的切点呈均匀分布,即在一个完整的缠绕循环中芯模转过的角度被切点数等分。

(2)前后两个完整的纤维螺旋缠绕循环所对应的纱片在筒身段错开的距离等于一个纱片的宽度。

设导丝头往返一次对应的芯模转角为 θ_n,若要使纤维有规律的铺满芯模表面,其必须满足:

$$\theta_n = (K/n + N) \times 360^\circ \pm \Delta\theta/n \tag{2-1}$$

式中:n 为切点数;N 为由初始切点 n 缠到切点 $n+1$ 时芯摸转过 360°的整数倍数;K 为时序相邻的初始切点数;$\Delta\theta$ 为一微小增量。

完整循环中,切点数不同,则纤维排列位置、花纹特征(交叉点数、交带、节点数)不同,即线型不同,导丝头往返一次的芯模转角也不同。同样的,若缠绕过程中切点数相同但切点的出现顺序不同,线型与导丝头往返一次的芯模转角也不同。也就是说导丝头往返一次的芯摸转角与缠绕线型有着严格的对应关系。因此,用导丝头往返一次的芯摸转角当成缠绕线型的“代号”,其表达式为 $S_0 = \theta_n/360^\circ$。

需要指出的是,为了缠绕纱片既不留缝也不重叠,微小增量部分必须存在,但为了叙述方便,暂不计该部分,则 S_0 按下式描述:

$$S_0 = \frac{K}{n} + N \tag{2-2}$$

2. **转速比**

芯模与导丝头之间的运动规律可以用转速比 i_0 来表述。转速比定义为在一个完整的缠绕循环中,芯模转数与导丝头往返次数之比:

$$i_0 = \frac{M}{n} \tag{2-3}$$

式中:M 为芯模转数。

虽然线型与转速比是两个完全不同的概念,但是线型与转速比有着严格的对应关系,因此定义线型在数值上等于转速比,即 $i_0 = S_0$。

3. **纤维位置稳定的条件**

由前面的分析可知,螺旋缠绕中符合纤维均匀布满芯模表面条件的芯模转角并不是唯一的。但对一个确定的产品而言,并不是所有的芯模转角都合适,当纤维在芯模封头曲面上的位置不稳定时有可能出现纤维滑线的现象。为避免出现纤维滑线,必须使纤维位于芯模封头曲面测地线上,这称为纤维位置稳定的条件。纤维位置稳定的条件要求每束纤维都应该缠绕在芯模表面的测地线上。

在芯模筒段,任意缠绕角度的螺旋线都是测地线;在封头处满足测地线条件的缠绕角度可以用下式计算:

$$\sin\alpha = \frac{R_x}{R} \tag{2-4}$$

式中:α 为缠绕角(变量);R_x 为极孔半径;R 为筒身半径。

4. **一个完整缠绕循环的交叉点、交带的分布规律及计算方法**

交叉点数是指缠绕完一个完整循环时的纤维的交点的数目;在缠绕完一个完整循环时,由纤维交叉点组成的迹线称为交带,整个容器的交带条数称为交带数(交叉点横向连线的条数)。交叉点数不仅与切点数有关,还与芯模转数有关,交叉点数 $x = n(M-1)$,交带数 $y = M-1$。

由以上分析可知,通过螺旋缠绕中切点数、切点顺序及芯模转数的关系就可以确定芯模表面的缠绕图案。后续采用该方法进行纤维螺旋缠绕图案分析时,不再赘述分析过程。

2.2 缠绕复合材料细观特性分析

2.2.1 缠绕复合材料特征单元

由于缠绕复合材料制作工艺的特点,使得缠绕复合材料壳体表面部分区域会出现纤维重叠,即存在类似于织物复合材料的细观特征。目前已有的模型或忽略了缠绕复合材料的细观特征,或者仅能在宏观上反映材料的刚度特性,因此,有必要从细观角度对该部分的刚度特性进行分析。缠绕复合材料在制作过程中形成菱形交叠区域如图 2-1 所示。

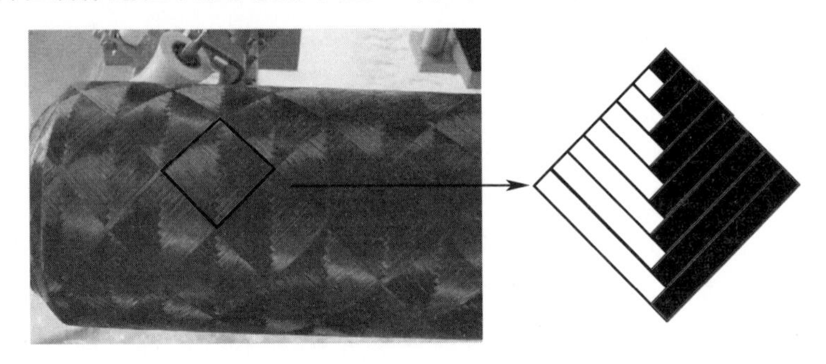

图 2-1 缠绕复合材料特征单元

在编织、机织复合材料的研究中常常采用体积平均方法和有限元分析法预测其宏观的刚度特性,这时通常需要选取一个代表性体积元(RVE)进行分析。在编织或机织复合材料单胞中,单胞的尺寸相对于宏观尺寸足够小,使得复合材料整体上可以视为均匀材料,这是使用单胞分析复合材料宏观力学性能的前提条件。

在缠绕复合材料中特征单元的尺寸与切点数、缠绕角度和筒体直径密切相关,设复合材料筒段直径为 D,切点数为 N_c,缠绕角度为 ϕ,则特征单元的边长可以表示为 $L_{RVE}=\dfrac{\pi D}{N_c \sin\phi}$。以特征单元的边长与圆筒段的周长之比作为特征单元与宏观尺寸的关系,当切点数小于 6 时,该比例大于 0.1。

由上述分析可知,缠绕复合材料壳体表面的菱形特征单元相对于宏观尺寸而言不能视为足够小,故无法采用类似于编织/机织复合材料的方法进行分析。

因此,本节中通过解析方法建立了一种既能反映材料整体刚度特性,又能反映材料局部刚度变化特性的刚度解析计算模型,并采用其对纤维束起伏交叠区域的刚度变化情况进行了分析计算。

2.2.2 交叠区域纤维体积分数分布规律

缠绕复合材料在筒体表面的形貌按照纤维束的走向和交叠不同可以分为三类:层合区域、环向交叠区域和螺旋交叠区域,各区域位置如图 2-2 所示。

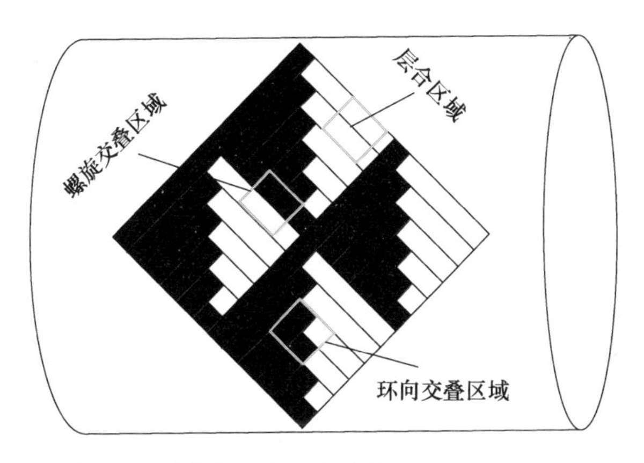

图2-2 缠绕复合材料壳体筒段表面形貌示意图

层合区域的形貌类似于角对称的层合板,可以直接采用层板理论对其进行相关分析。环向交叠区域和螺旋交叠区域由于存在纤维束的交叠,导致其各个位置的基体与纤维束的含量不同,在区域中心位置存在富树脂区域,并且区域内各个部位的缠绕角度起伏角度也不同。环向交叠区域和螺旋交叠区域两者空间结构不同,螺旋交叉起伏模型的富树脂区域在中心呈带状,模型相对于这个中心带对称,环向交叉起伏模型相对于中心富树脂区域没有对称性。下面分别对环向交叠区域和螺旋交叠区域的纤维体积分数进行分析。

在缠绕过程中,由于不同方向之间的纤维束互相挤压,使得原本是矩形截面的纤维束发生变形,一般的认为挤压后的纤维束截面变为1/4椭圆形,并且不同缠绕角度纤维束之间的相互挤压使得纤维束发生起伏波动,后续分析中将纤维起伏路径近似为余弦曲线。

在环向交叠区域,以区域中心为原点建立 $X-Y$ 坐标系,将其分为4个子模型区域(图2-3),各部分的纤维体积分数表达式为

Ⅰ区域:
$$V_f^{\mathrm{I}}=\frac{\left[a\sin\left(\frac{y}{W}\frac{\pi}{2}\right)-a\right]\cos\left(\frac{x}{W}\frac{\pi}{2}\right)+a}{a/V_f^{\mathrm{L}}} \tag{2-5}$$

Ⅱ区域:
$$V_f^{\mathrm{II}}=\frac{\left[a\sin\left(\frac{-x}{W}\frac{\pi}{2}\right)-a\right]\cos\left(\frac{y}{W}\frac{\pi}{2}\right)+a+a\left[1-\cos\left(\frac{y}{W}\frac{\pi}{2}\right)\right]}{2a/V_f^{\mathrm{L}}} \tag{2-6}$$

Ⅲ区域:
$$V_f^{\mathrm{III}}=\left[a\sin\left(\frac{-x}{W}\frac{\pi}{2}\right)+a\sin\left(\frac{-y}{W}\frac{\pi}{2}\right)\right]V_f^{\mathrm{L}}/2a \tag{2-7}$$

$$Ⅳ区域:V_f^{Ⅳ}=\frac{\left[a\sin\left(\frac{y}{W}\frac{\pi}{2}\right)-a\right]\cos\left(\frac{x}{W}\frac{\pi}{2}\right)+a+a\left[1-\cos\left(\frac{x}{W}\frac{\pi}{2}\right)\right]}{2a/V_f^L} \tag{2-8}$$

式中:V_f^L为层合区域的纤维体积分数;a 为纤维束的厚度(椭圆截面短轴);W 为纤维束波动区域的长度(为椭圆截面长轴的 2 倍)。

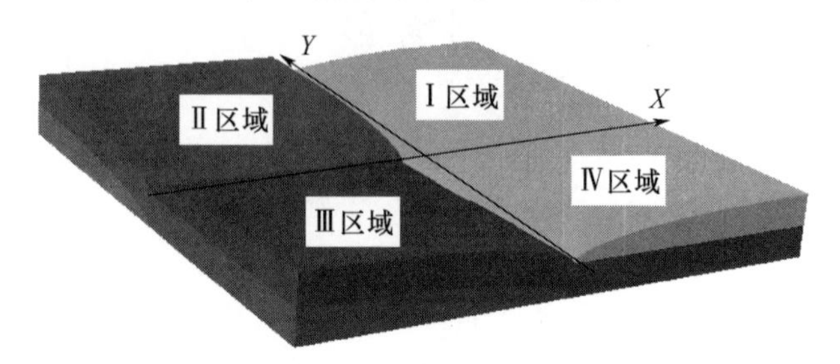

图 2-3　环向交叠区域示意图

与环向交叠区域分析方法类似,可以将螺旋交叠区域划分为四个区域,四个子区域内的纤维体积分数分布关于圆点对称(图 2-4),故只给出其中一个区域的纤维体积分数表达式,其余区域的纤维体积分数与此类似。螺旋交叠区域中Ⅰ区域内的纤维体积分数为

$$V_f^{Ⅰ}=\frac{a\sin\left(\frac{x}{W}\frac{\pi}{2}\right)+a}{2a/V_f^L} \tag{2-9}$$

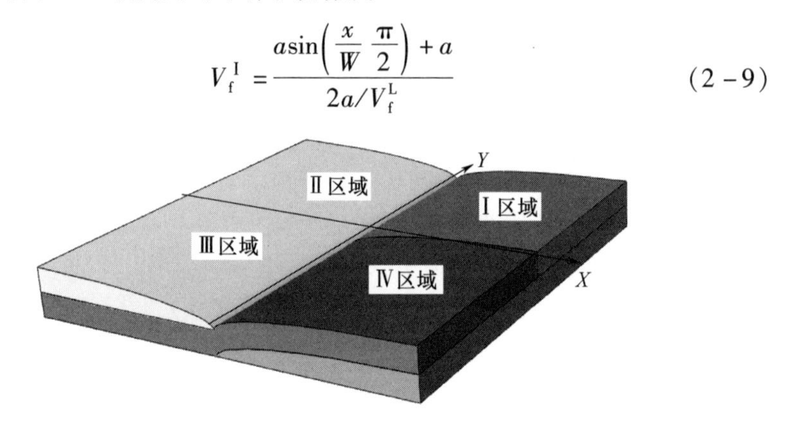

图 2-4　螺旋交叠区域示意图

2.2.3　不同坐标系的转换关系

在缠绕复合材料交叠区域的分析过程中,存在三个坐标系:材料坐标系(1-2-3)、缠绕坐标系($L-M-N$)、全局坐标系($X-Y-Z$),如图 2-5 所

示。其中材料坐标系的建立是以纤维的方向为 1 方向,垂直于纤维的两个方向分别为 2 方向和 3 方向;缠绕坐标系的建立是以沿缠绕角度的方向分别为 L 方向和 M 方向,垂直于这两个方向的为 N 方向;全局坐标系的建立以筒体环向为 X 方向,轴向为 Y 方向,垂直与筒体外表面的法向为 Z 方向。

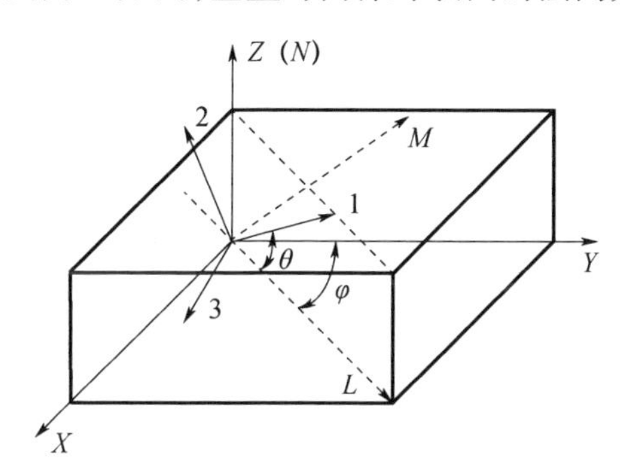

图 2 – 5　材料坐标系、缠绕坐标系与全局坐标系的关系

三个坐标系之间的转换关系可以表示如下:

$$\boldsymbol{C}_2=\boldsymbol{T}_1\boldsymbol{C}_1\boldsymbol{T}_1^{\mathrm{T}},\boldsymbol{C}_3=\boldsymbol{T}_2\boldsymbol{C}_2\boldsymbol{T}_2^{\mathrm{T}} \tag{2-10}$$

$$\boldsymbol{T}_1=\begin{bmatrix} \cos^2\theta & 0 & \sin^2\theta & 0 & 2\sin\theta\cos\theta & 0 \\ \sin^2\theta & 0 & \cos^2\theta & 0 & -2\sin\theta\cos\theta & 0 \\ 0 & 1 & 0 & 0 & 0 & 0 \\ 0 & 0 & 0 & -\cos\theta & 0 & \sin\theta \\ 0 & 0 & 0 & -\sin\theta & 0 & -\cos\theta \\ -\sin\theta\cos\theta & 0 & \sin\theta\cos\theta & 0 & \cos^2\theta-\sin^2\theta & 0 \end{bmatrix} \tag{2-11}$$

$$\boldsymbol{T}_2=\begin{bmatrix} \sin^2\varphi & \cos^2\varphi & 0 & 0 & 0 & 2\sin\varphi\cos\varphi \\ \cos^2\varphi & \sin^2\varphi & 0 & 0 & 0 & -2\sin\varphi\cos\varphi \\ 0 & 0 & 1 & 0 & 0 & 0 \\ 0 & 0 & 0 & \sin\varphi & -\cos\varphi & 0 \\ 0 & 0 & 0 & \cos\varphi & \sin\varphi & 0 \\ -\sin\varphi\cos\varphi & \sin\varphi\cos\varphi & 0 & 0 & 0 & \sin^2\varphi-\cos^2\varphi \end{bmatrix} \tag{2-12}$$

式中:$\boldsymbol{C}_1$、$\boldsymbol{C}_2$、$\boldsymbol{C}_3$ 分别为纤维束在材料坐标系、缠绕坐标系及全局坐标系下的刚度矩阵;$\boldsymbol{T}_1$、$\boldsymbol{T}_2$ 为不同坐标系之间的应力转换矩阵;$\boldsymbol{T}_1^{\mathrm{T}}$、$\boldsymbol{T}_2^{\mathrm{T}}$ 分别为其对应的 $\boldsymbol{T}_1$ 和 $\boldsymbol{T}_2$ 的转置。

通过对全局坐标系下的刚度矩阵 $\boldsymbol{C}_3$ 求逆,可以得到对应的柔度矩

阵 $\boldsymbol{S}$。由柔度矩阵求得全局坐标系下纤维束的 9 个工程常数,其表达式如下:

$$E_1^{\mathrm{f}}=\frac{1}{S_{11}^{\mathrm{f}}},E_2^{\mathrm{f}}=\frac{1}{S_{22}^{\mathrm{f}}},E_3^{\mathrm{f}}=\frac{1}{S_{33}^{\mathrm{f}}}$$
$$G_{23}^{\mathrm{f}}=\frac{1}{S_{44}^{\mathrm{f}}},G_{13}^{\mathrm{f}}=\frac{1}{S_{55}^{\mathrm{f}}},G_{12}^{\mathrm{f}}=\frac{1}{S_{66}^{\mathrm{f}}} \tag{2-13}$$
$$v_{23}^{\mathrm{f}}=\frac{S_{23}^{\mathrm{f}}}{S_{33}^{\mathrm{f}}},v_{13}^{\mathrm{f}}=\frac{S_{13}^{\mathrm{f}}}{S_{33}^{\mathrm{f}}},v_{12}^{\mathrm{f}}=\frac{S_{12}^{\mathrm{f}}}{S_{22}^{\mathrm{f}}}$$

最后,根据混合定律计算缠绕交叠区域的弹性工程常数:

$$E_1=V_{\mathrm{f}}E_1^{\mathrm{f}}+V_{\mathrm{m}}E^{\mathrm{m}},E_2=V_{\mathrm{f}}E_2^{\mathrm{f}}+V_{\mathrm{m}}E^{\mathrm{m}},E_3=E_3^{\mathrm{f}}E^{\mathrm{m}}/(V_{\mathrm{f}}E^{\mathrm{m}}+V_{\mathrm{m}}E_1^{\mathrm{f}})$$
$$G_{13}=G_{13}^{\mathrm{f}}G^{\mathrm{m}}/(V_{\mathrm{f}}G^{\mathrm{m}}+V_{\mathrm{m}}G_{13}^{\mathrm{f}}),G_{23}=G_{23}^{\mathrm{f}}G^{\mathrm{m}}/(V_{\mathrm{f}}G^{\mathrm{m}}+V_{\mathrm{m}}G_{23}^{\mathrm{f}}) \tag{2-14}$$
$$G_{12}=V_{\mathrm{f}}G_{12}^{\mathrm{f}}+V_{\mathrm{m}}G^{\mathrm{m}},v_{ij}=V_{\mathrm{f}}v_{ij}^{\mathrm{f}}+V_{\mathrm{m}}v^{\mathrm{m}},\quad i,j=1,2,3,\text{且 } i\neq j$$

式中:V_{f} 为纤维体积分数;V_{m} 为基体体积分数($V_{\mathrm{m}}=1-V_{\mathrm{f}}$);$E_i^{\mathrm{f}}$、$G_{ij}^{\mathrm{f}}$、$v_{ij}^{\mathrm{f}}$($i,j=1,2,3$,且 $i\neq j$)分别为纤维的弹性模量、剪切模量和泊松比;E^{m}、G^{m}、v^{m} 分别为基体的弹性模量、剪切模量和泊松比。

2.2.4 弹性常数分布规律分析

T700 碳纤维和环氧树脂的力学性能见表 2-1。

表 2-1 T700 碳纤维力学性能

弹性常数	E_1^{f}/GPa	E_2^{f}/GPa	E_3^{f}/GPa	G_{12}^{f}/GPa	G_{13}^{f}/GPa	G_{23}^{f}/GPa	v_{12}^{f}	v_{13}^{f}	v_{23}^{f}	E^{m}/GPa	G^{m}/GPa	v^{m}
数值	230	15	15	15	7	7	0.2	0.2	0.2	4.08	1.52	0.35

由于纤维交叉起伏区域各个部位的纤维和基体体积分数不同,因此弹性常数也随区域部位的变化而变化,在计算过程中,将交叠区域按变成等分为 100×100 的网格状区域,对区域内部的弹性常数进行计算并绘制如图 2-6 和图 2-7 所示。

图 2-6 为环向交叠区域的弹性模量随位置分布曲线,可以看出弹性常数随起伏区域位置而变化,在中心处达到极值(弹性模量 E_{11}、E_{22}、G_{12} 在中心处达到最小值;泊松比 v_{12} 在中心处取得最大值)。造成这一现象的原因是由于环向交叠区域的中心处是树脂富集区域,纤维体积分数在此处最低。

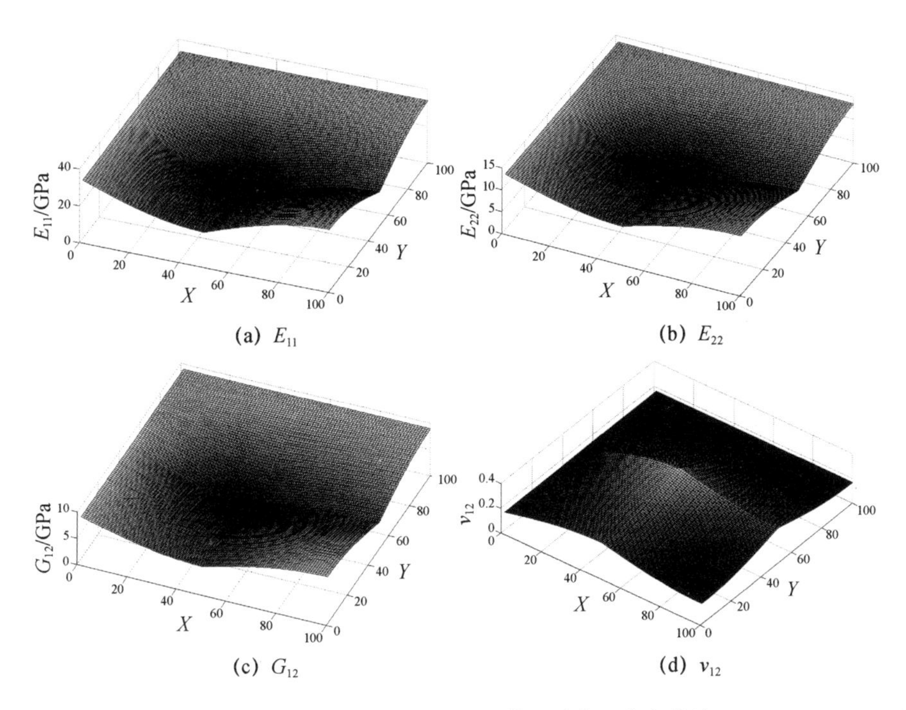

图 2-6　环向交叠区域的弹性模量随位置分布曲线

图 2-7 为螺旋交叠区域的弹性模量随位置分布曲线，可以看出弹性常数沿中心带对称分布，同样因为中心带处为基体富集区域，所以弹性常数在中心带处取得极值。

根据不同位置的弹性模量计算公式，可以通过均值法计算整个波动起伏区域的弹性工程常数：

$$\overline{E}_i = \frac{1}{S}\int_{-\frac{W}{2}}^{-\frac{W}{2}}\int_{-\frac{W}{2}}^{-\frac{W}{2}} E_i \mathrm{d}x\mathrm{d}y, \overline{G}_{ij} = \frac{1}{S}\int_{-\frac{W}{2}}^{-\frac{W}{2}}\int_{-\frac{W}{2}}^{-\frac{W}{2}} G_{ij}\mathrm{d}x\mathrm{d}y, \bar{v}_{ij} = \frac{1}{S}\int_{-\frac{W}{2}}^{-\frac{W}{2}}\int_{-\frac{W}{2}}^{-\frac{W}{2}} v_{ij}\mathrm{d}x\mathrm{d}y \tag{2-15}$$

由式(2-15)计算得到的弹性常数如表 2-2 所示。通过表 2-2 对比环向交叠区域、螺旋交叠区域和层合区域的弹性常数可知：交叠区域的弹性模量均较层合区域明显降低，泊松比较之层合区域有不同程度的增加。

交叠区域在整个缠绕复合材料特征单元中的占比与纤维束的宽度、特征单元的边长有关，一般而言，交叠区域占整个特征单元的体积比很小，因此它对整体缠绕复合材料弹性常数的均值影响并不明显。

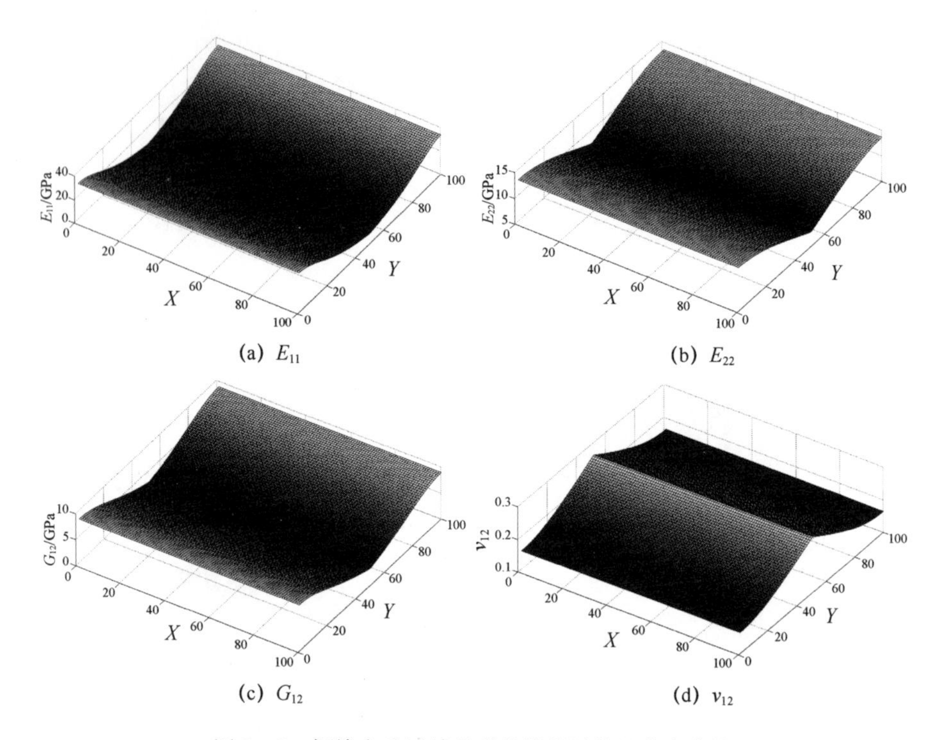

图 2－7　螺旋交叠区域的弹性模量随位置分布曲线

表 2－2　交叉区域弹性常数均值

弹性常数	E_{11}/GPa	E_{22}/GPa	E_{33}/GPa	G_{12}/GPa	G_{13}/GPa	G_{23}/GPa	v_{12}	v_{13}	v_{23}
环向交叠区域	19.86	10.37	5.37	6.55	2.02	2.02	0.24	0.21	0.17
螺旋交叠区域	24.05	11.23	5.86	6.30	2.27	2.27	0.20	0.18	0.12
层合区域	33.33	13.45	6.61	8.93	2.54	2.54	0.16	0.12	0.07

第3章 复合材料单向力学性能模型

纤维增强复合材料的宏观力学性能是由纤维、树脂及纤维/树脂界面的性能共同决定的,因此复合材料的力学性能分析方法与传统的金属材料截然不同。金属材料一般认为是各向同性的,而复合材料具有明显的各向异性特征,不同方向加载时表现出不同的应力、应变响应。一般而言,纤维性能主导着复合材料沿纤维方向的力学性能,基体和纤维/基体界面的性能决定着垂直于纤维方向的力学性能,同时复合材料的宏观性能还与其细观结构密切相关。若要研究纤维复合材料失效机理,必须从其细观特性、组分性能及界面性能等方面对复合材料力学性能进行分析。

本章在复合材料弹性力学本构方程、细观力学及界面单元损伤模型等相关理论的基础上,对纤维复合材料横向力学性能进行分析,为后续研究缠绕复合材料壳体力学性能奠定基础。同时,在单向复合材料理论基础上,对细观纤维交叠起伏现象与纤维缠绕复合材料宏观力学性能之间的关系进行了研究;最后采用试验方法对纤维缠绕复合材料的基本力学性能参数进行了测试,并研究其分布规律。

3.1 复合材料弹性力学本构方程

弹性力学中,求解弹性体在外界因素作用下产生的应力和应变时,使用的是平衡方程、几何方程、变形协调方程或本构方程。常见的材料本构方程包括各向异性本构方程、正交各向异性本构方程、各向同性本构方程等,复合材料力学分析中常用的是各向异性本构方程和正交各向异性本构方程[214]。

各向异性本构方程用矩阵符号可以表示为

$$\boldsymbol{\sigma} = \boldsymbol{C}\boldsymbol{\varepsilon} \tag{3-1}$$

式中:系数矩阵 $\boldsymbol{C}$ 具有对称性,称为弹性矩阵或刚度矩阵。各向异性材料的刚度矩阵中有 21 个独立的刚度系数。

$$\boldsymbol{C} = \begin{bmatrix} C_{11} & C_{12} & C_{13} & C_{14} & C_{15} & C_{16} \\ C_{21} & C_{22} & C_{23} & C_{24} & C_{25} & C_{26} \\ C_{31} & C_{32} & C_{33} & C_{34} & C_{35} & C_{36} \\ C_{41} & C_{42} & C_{43} & C_{44} & C_{45} & C_{46} \\ C_{51} & C_{52} & C_{53} & C_{54} & C_{55} & C_{56} \\ C_{61} & C_{62} & C_{63} & C_{64} & C_{65} & C_{66} \end{bmatrix} \tag{3-2}$$

同时,也可以用应力分量表示应变分量:

$$\boldsymbol{\varepsilon} = \boldsymbol{S}\boldsymbol{\sigma} \tag{3-3}$$

$$\boldsymbol{S} = \begin{bmatrix} S_{11} & S_{12} & S_{13} & S_{14} & S_{15} & S_{16} \\ S_{21} & S_{22} & S_{23} & S_{24} & S_{25} & S_{26} \\ S_{31} & S_{32} & S_{33} & S_{34} & S_{35} & S_{36} \\ S_{41} & S_{42} & S_{43} & S_{44} & S_{45} & S_{46} \\ S_{51} & S_{52} & S_{53} & S_{54} & S_{55} & S_{56} \\ S_{61} & S_{62} & S_{63} & S_{64} & S_{65} & S_{66} \end{bmatrix} \tag{3-4}$$

式中:$\boldsymbol{S} = \boldsymbol{C}^{-1}$ 为柔度矩阵。

工程实际中的大部分材料内部结构具有对称性,即材料内部能找出弹性对称面,该平面对称点上材料的弹性系数相同。若通过材料内部任意一点均能找出两个正交的弹性对称面时,这种材料称为正交各向异性材料,其刚度矩阵和柔度矩阵中的独立系数有九个。

进一步,当材料性能在垂直于材料轴线平面内的各个方向上都相等时称此材料为横观各向同性材料,此时材料的刚度矩阵和柔度矩阵中的独立系数只有五个。此时,材料柔度矩阵中的系数可以用弹性常数表示如下:

$$S_{11} = \frac{1}{E_1}, S_{12} = -\frac{v_{12}}{E_2}, S_{22} = \frac{1}{E_2}, S_{23} = -\frac{v_{23}}{E_2}, 2(S_{33} - S_{23}) = \frac{1}{G_{23}}, S_{55} = \frac{1}{G_{21}} \tag{3-5}$$

式中:E_1、E_2、E_3 为材料三个弹性主轴方向的弹性模量,当材料只有一个主方向上存在正应力时,它等于应力与该方向上应变的比值,即

$$E_i = \frac{\sigma_i}{\varepsilon_i}, \quad i = 1,2,3 \tag{3-6}$$

泊松比 v_{ij} 为单独在 j 方向作用正应力时 i 方向应变与 j 方向应变之比，即

$$v_{ij} = -\frac{\varepsilon_i}{\varepsilon_j}, \quad i,j = 1,2,3, \text{且 } i \neq j \tag{3-7}$$

G_{12}、G_{23}、G_{31} 分别为 1－2、2－3、3－1 平面内的剪切弹性模量。

3.2　单向复合材料细观力学

细观力学认为单向复合材料是由纤维、基体及纤维和基体之间的界面组成的非均质材料，由各组分材料的性能和界面性能能够估算单向复合材料宏观力学性能[214]。

3.2.1　均质化方法

均质材料的应力和应变可以在材料内部的一点上定义，而复合材料具有多相异质的特点，无法定义一点的应力及应变代表整体性能。为此，在细观分析中需要设法将复合材料等效为均质材料，即假设复合材料内部存在一微小单元同时包含纤维和基体两种组分且能够代表复合材料的整体特性。体积平均应力和应变表达式为[214]

$$\bar{\sigma}_{ij} = \frac{1}{V'}\int_{V'} \sigma_{ij} \mathrm{d}V = V_{\mathrm{f}}\bar{\sigma}_{ij}^{\mathrm{f}} + V_{\mathrm{m}}\bar{\sigma}_{ij}^{\mathrm{m}} \tag{3-8}$$

$$\bar{\varepsilon}_{ij} = \frac{1}{V'}\int_{V'} \varepsilon_{ij} \mathrm{d}V = V_{\mathrm{f}}\bar{\varepsilon}_{ij}^{\mathrm{f}} + V_{\mathrm{m}}\bar{\varepsilon}_{ij}^{\mathrm{m}} \tag{3-9}$$

式中：V' 为微单元的体积；$\bar{\sigma}_{ij}^{\mathrm{f}}$ 和 $\bar{\sigma}_{ij}^{\mathrm{m}}$ 分别为微单元内纤维和基体的内应力均值；$\bar{\varepsilon}_{ij}^{\mathrm{f}}$ 和 $\bar{\varepsilon}_{ij}^{\mathrm{m}}$ 分别为微单元内纤维和基体的内应变均值。

同时，复合材料力学中认为若在微小体积的表面上作用一个均匀分布的应力/应变（σ_{ij}^0 或 ε_{ij}^0），如果体积内各点均满足应力平衡条件或满足位移连续条件，则认为体积平均应力 $\bar{\sigma}_{ij}$ 或体积应变 $\bar{\varepsilon}_{ij}$ 与作用的应力或应变相等，即

$$\sigma_{ij}^0 = \bar{\sigma}_{ij} \text{ 或 } \varepsilon_{ij}^0 = \bar{\varepsilon}_{ij} \tag{3-10}$$

复合材料是由多组分构成的，微观上的应力和应变不是均匀分布的，因此在定义复合材料的宏观模量是取得宏观平均的应力、应变值的关系，即有 $\bar{E} = \bar{\sigma}/\bar{\varepsilon}$。复合材料细观力学中的均匀化方法就是取一个宏观应力－应变关

系与复合材料相同的均质材料对其进行等效替换。

在均匀化方法中,引入一个代表复合材料结构的非均质微元,将对该微元的应力、应变分析用均匀材料的应力、应变代替,这个非均质微元称为代表性体积元或代表性单胞。代表性体积元一方面要足够小,相对于宏观的复合材料而言可以看作一个点;一方面又要足够大,能够代表复合材料的微观结构。确定了代表性体积元,就可以代表单元内平均应力-应变的关系表示复合材料宏观的力学响应。

3.2.2 单向复合材料弹性系数计算

对复合材料进行细观分析时,通常假设基体和纤维在纤维方向的应变相同,采用串联和并联模型进行计算。采用混合法计算纵向弹性模量 E_1、泊松比 v_{12}、横向弹性模量 E_2、剪切模量 G_{12} 的计算公式如下[214]:

$$E_1 = E_{f_1} V_f + E_m V_m \tag{3-11}$$

$$v_{12} = v_{f_{12}} V_f + v_m V_m \tag{3-12}$$

$$E_2 = \frac{E_{f_2} E_m}{E_m V_f + E_{f_2} V_m} \tag{3-13}$$

$$G_{12} = \frac{G_{f_{12}} G_m}{G_m V_f + G_{f_2} V_m} \tag{3-14}$$

3.3 复合材料界面损伤模型

单向纤维增强复合材料中的界面是在增强纤维和基体复合过程中产生的,其中纤维、基体的物理和化学特性保持不变,但纤维和基体之间通过界面这一“纽带”产生协同效应,使得其复合材料获得比单一组分材料更优异的性能[220]。复合材料中界面的成分、结构与组分材料之间存在较大差异,因此若想对复合材料力学性能进行更加准确的分析,必须建立合适的界面模型合理地描述其力学行为。

在复合材料层合板中,界面相包括纤维与基体之间的界面、层与层之间的界面两种,两种界面的分析方法较为相似。以下仅针对目前学术界常用的 Cohesive 界面单元、界面损伤理论及界面损伤机理进行简要分析[221]。

3.3.1 界面单元几何结构

常用的8节点三维零厚度 Cohesive 单元如图3-1所示,它由上下表面共4对8节点组成。图3-1中 e_1 为界面单元的法向(厚度方向)，e_2、e_3 则为界面单元的两个切向。对应不同方向上的位移分别为 u_1、u_2、u_3，不同方向上的相对位移分别为 δ_1、δ_2、δ_3。

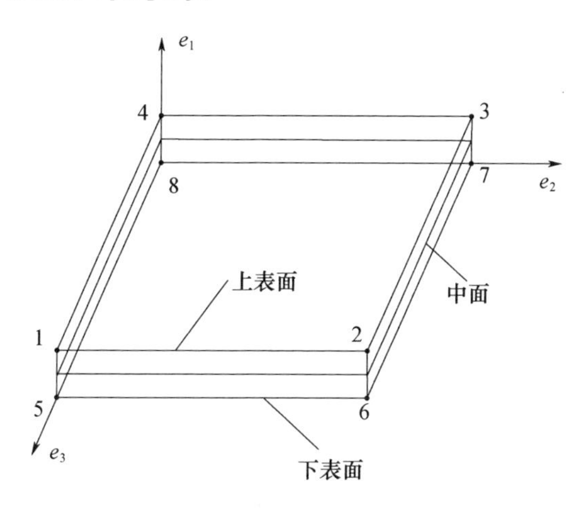

图3-1　三维零厚度 Cohesive 单元示意图

界面单元的相对位移 δ 表示如下：

$$\begin{bmatrix} \delta_1 \\ \delta_2 \\ \delta_3 \end{bmatrix} = \begin{bmatrix} u_1^+ \\ u_2^+ \\ u_3^+ \end{bmatrix} - \begin{bmatrix} u_1^- \\ u_2^- \\ u_3^- \end{bmatrix} \tag{3-15}$$

式中：上标"+""-"分别代表单元上、下表面的位移。定义名义应变 ε_i 如下：

$$\varepsilon_i = \frac{\delta_i}{T_0}, \quad i = 1,2,3 \tag{3-16}$$

式中：T_0 为界面单元的计算厚度。

3.3.2　界面单元本构关系

界面单元的本构关系是基于"牵引-分离"准则的关于界面力与界面张开位移的方程。通常可认为当界面未发生损伤时，界面的力学行为是线弹性的，定义界面单元的应力分量为 t_1、t_2、t_3，界面单元本构关系可以表示如下：

$$\boldsymbol{t} = \begin{bmatrix} t_1 \\ t_2 \\ t_3 \end{bmatrix} = \begin{bmatrix} k_{nn} & k_{ns} & k_{nt} \\ k_{sn} & k_{ss} & k_{st} \\ k_{tn} & k_{ts} & k_{tt} \end{bmatrix} \begin{bmatrix} \varepsilon_1 \\ \varepsilon_2 \\ \varepsilon_3 \end{bmatrix} = \boldsymbol{K\varepsilon} \tag{3-17}$$

式中：$\boldsymbol{K}$ 为界面单元刚度矩阵，矩阵中下标 n、s、t 分别表示法向、切向 e_2 和切向 e_3 方向；$\boldsymbol{\varepsilon}$ 为界面单元的名义应变。一般复合材料界面层非常薄，法向和切向之间耦合作用并不明显，因此矩阵 $\boldsymbol{K}$ 中的耦合项可以忽略不计。将式(3－16)代入式(3－18)，得到牵引分离的本构关系如下：

$$\boldsymbol{t}=\begin{bmatrix} t_1 \\ t_2 \\ t_3 \end{bmatrix}=\begin{bmatrix} k_{nn} & 0 & 0 \\ 0 & k_{ss} & 0 \\ 0 & 0 & k_{tt} \end{bmatrix}\begin{bmatrix} \varepsilon_1 \\ \varepsilon_2 \\ \varepsilon_3 \end{bmatrix}=\begin{bmatrix} k_n & 0 & 0 \\ 0 & k_s & 0 \\ 0 & 0 & k_t \end{bmatrix}\begin{bmatrix} \delta_1 \\ \delta_2 \\ \delta_3 \end{bmatrix}=\boldsymbol{K}'\boldsymbol{\delta} \quad (3-18)$$

式中：k_n 为界面单元的法向界面刚度；k_s、k_t 为切向 e_2 和切向 e_3 的界面刚度，界面刚度等于界面层单位厚度的模量值，相应界面单元刚度矩阵 $\boldsymbol{K}$ 变为 $\boldsymbol{K}'$。

3.3.3 界面单元损伤模型

采用界面单元模拟复合材料界面脱黏和分层损伤时，较为常用的是界面双线性本构模型[222]，如图 3－2 所示。假设界面单元只有法向拉应力作用，定义 A 点为初始损伤点，相对位移为 δ_1^0。当界面单元的相对位移小于 δ_1^0 时，界面单元未发生损伤，界面单元刚度的初始刚度不变，即图中 OA 段斜率。当相对位移超过 δ_1^0 时，界面单元出现损伤，此时界面单元刚度随界面相对位移的增加而降低，降低后的刚度等于虚线 OC 段的斜率。当相对位移到达 B 点时(δ_1^{f})，界面单元完全破坏，界面刚度下降为 0，将 B 点定义为界面单元完全破坏点。界面单元破坏时的断裂能释放率 G_{IC} 等于图 3－2 中 $\triangle OAB$ 的面积。

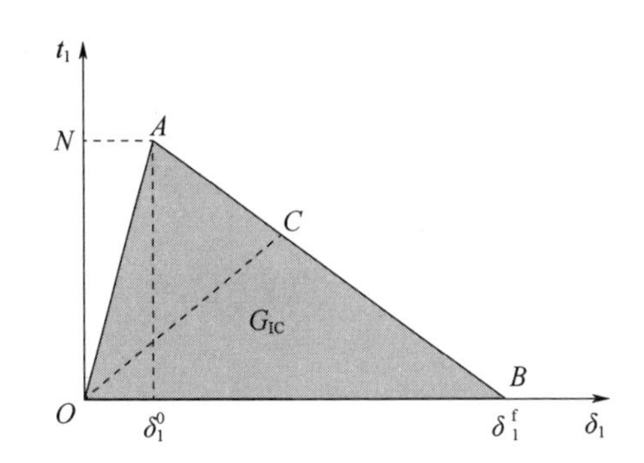

图 3－2　界面单元双线性本构模型

界面单一剪切破坏时的双线性本构与图 3－2 所示形式相似，因此，初始破坏点对应的法向和切向界面相对位移可由如下式给出：

$$\delta_1^0 = \frac{N}{k_n}, \quad \delta_2^0 = \frac{S}{k_s}, \quad \delta_3^0 = \frac{T}{k_t} \tag{3-19}$$

式中:N 为界面法向强度;S、T 为界面切向 e_2 和切向 e_3 的剪切强度。

完全破坏点处的界面相对位移 δ_1^{f}、δ_2^{f}、δ_3^{f} 可由下式求得

$$\begin{cases} \int_0^{\delta_1^{\mathrm{f}}} t_1 \mathrm{d}\delta_1 = G_{\mathrm{IC}} \\ \int_0^{\delta_2^{\mathrm{f}}} t_2 \mathrm{d}\delta_2 = G_{\mathrm{IIC}} \\ \int_0^{\delta_3^{\mathrm{f}}} t_3 \mathrm{d}\delta_3 = G_{\mathrm{IIIC}} \end{cases} \tag{3-20}$$

由式(3-20)可得

$$\delta_1^{\mathrm{f}} = \frac{2G_{\mathrm{IC}}}{N}, \delta_2^{\mathrm{f}} = \frac{2G_{\mathrm{IIC}}}{S}, \delta_3^{\mathrm{f}} = \frac{2G_{\mathrm{IIIC}}}{T} \tag{3-21}$$

由于相对位移在不断地变化,因此在有限元分析时采用如下方法定义最大相对位移 $\delta^{\max}$:

$$\begin{cases} \text{Ⅰ型裂纹}: \delta_1^{\max} = \max(\delta_1^{\max}, \delta_1), & \delta_1^{\max} \geqslant 0 \\ \text{Ⅱ、Ⅲ型裂纹}: \delta_i^{\max} = \max(\delta_i^{\max}, |\delta_i|), & i = 2,3 \end{cases} \tag{3-22}$$

结合式(3-18)~式(3-22),可得单一裂纹模式作用下界面单元上的应力表达式:

$$\begin{cases} t_i = K_0 \delta_i, & \delta_i^{\max} \leqslant \delta_i^0 \\ t_i = (1-\omega_i) K_0 \delta_i, & \delta_i^0 < \delta_i^{\max} < \delta_i^{\mathrm{f}}, \quad i = 2,3 \text{ 或 } i = 1, \quad \delta_1 \geqslant 0 \\ t_i = 0, & \delta_i^{\max} \geqslant \delta_i^{\mathrm{f}} \end{cases} \tag{3-23}$$

$$t_1 = K_0 \delta_1, \quad \delta_1 < 0 \tag{3-24}$$

$$\omega_i = \frac{\delta_i^{\mathrm{f}}(\delta_i^{\max} - \delta_i^0)}{\delta_i^{\max}(\delta_i^{\mathrm{f}} - \delta_i^0)}, \quad i = 1,2,3, \quad \omega_i \in [0,1] \tag{3-25}$$

式中:K_0 为界面单元初始刚度。

实际中界面处法向应力和剪切应力分量之间存在较强的耦合作用,因此后续文中均采用混合模式双线性本构方程对复合材料界面脱黏及层间分层问题进行分析。混合模式下界面单元本构方程与上述单一模式本构方程推导过程类似[223],此处不再赘述。

第4章 缠绕复合材料力学性能预测与测试

复合材料在纤维方向受载时,纤维和基体的变形在失效前具有较好的一致性,可以用解析式较为准确地预测纤维方向的拉伸和压缩强度。然而,复合材料横向受载时,纤维和基体变形不能用简单方法进行预测。这是由于复合材料横向受载时的不确定性因素较多导致的,传统的细观模型不能充分考虑组分性能、体积分数和纤维形状及分布情况,在应用时也受到限制。与经典的均匀化理论相比,细观有限元方法具有两个明显优势:①可以考虑细观结构的几何形状和纤维分布,例如纤维形状、弯曲等;②可以描述细观场中的应力、应变,从而预测复合材料损伤的出现和扩展,并预报复合材料的失效强度。

本章采用细观均匀化方法预测复合材料横向力学性能,并分析不同界面强度对复合材料横向力学性能的影响规律;采用试验方法测试纤维缠绕复合材料的基本力学性能,并统计其分布规律。

4.1 单向复合材料横向力学性能预测

4.1.1 复合材料细观力学模型

复合材料横向力学性能主要受基体塑性变形和界面脱黏两方面的影响。将纤维视为各向同性的弹性材料,基体看成是各向同性的弹塑性材料,组分性能如表4-1所列。

表 4-1　玻璃纤维/环氧树脂复合材料组分性能[224]

参数	弹性模量 /GPa	剪切模量 /GPa	泊松比	拉伸强度 /MPa	压缩强度 /MPa	剪切强度 /MPa	热膨胀系数 /($\times10^{-6}$/K)
纤维	80.00	33.00	0.20	2150.00	1450.00	—	4.90
基体	3.35	1.48	0.35	80.00	120.00	75.00	58.00

用摩尔-库仑塑性模型描述基体的非线性行为，摩尔-库仑塑性模型中认为材料屈服发生在剪应力作用的平面，当其达到一个临界值时，发生塑性变形，这个临界值依赖于平面的法向应力，用下式表示：

$$\tau = c - \sigma \tan\phi \tag{4-1}$$

式中：c、ϕ 分别代表黏聚力和摩擦角，这两个常数控制着材料的塑性行为。黏聚力 c 代表纯剪切情况下的屈服应力，摩擦角 ϕ 代表静水压力对材料塑性的影响。$\phi=0$ 时，摩尔-库仑模型退化为 Tresca 模型，当 $\phi=90°$时，演化为 Rankine 模型。这两个参数都可以通过拉伸和压缩强度获得：

$$\sigma_{\mathrm{mt}} = 2c\frac{\cos\phi}{1+\sin\phi}, \quad \sigma_{\mathrm{mc}} = 2c\frac{\cos\phi}{1-\sin\phi} \tag{4-2}$$

固体断裂面遵循摩尔-库仑准则，并且单轴压缩时的断裂角度 α 与摩擦角 ϕ 之间的关系如下：

$$\alpha = 45° + \phi/2 \tag{4-3}$$

典型的环氧基体材料中有 $50° < \alpha < 60°$，这样 $10 < \phi < 30°$。一旦 ϕ 固定，则对应的 c 值也就确定了，由文献[224]可知基体拉伸和压缩强度分别为 80MPa 和 120MPa，故可以确定摩擦角 $\phi = 12°$，$c = 50\mathrm{MPa}$。

假设 c 和 ϕ 为常数，独立于累积塑性应变，摩尔-库仑模型的屈服面可以采用最大主应力和最小主应力描述如下：

$$F(\sigma_{\mathrm{I}}, \sigma_{\mathrm{III}}) = (\sigma_{\mathrm{I}} - \sigma_{\mathrm{III}}) + (\sigma_{\mathrm{I}} + \sigma_{\mathrm{III}})\sin\phi - 2c\cos\phi = 0 \tag{4-4}$$

基体材料损伤初始及演化准则采用 ABAQUS 中的塑性损伤法则，但由于摩尔-库仑塑性模型与塑性损伤法则不能直接合并使用，需要编写 VUMAT 子程序实现这一过程。塑性损伤法则中认为当材料塑性应变达到损伤起始塑性应变值 $\bar{\varepsilon}_{\mathrm{d}}^{\mathrm{pl}}$（这里采用的拉伸初始塑性应变值为 0.05，压缩和剪切初始塑性应变值 0.5）时发生损伤：

$$\dot{d} = \frac{L\dot{\bar{\varepsilon}}^{\mathrm{pl}}}{\bar{u}_{\mathrm{f}}^{\mathrm{pl}}} = \frac{\dot{\bar{u}}^{\mathrm{pl}}}{\bar{u}_{\mathrm{f}}^{\mathrm{pl}}}, \quad \bar{u}_{\mathrm{f}}^{\mathrm{pl}} = \frac{2G_{\mathrm{f}}}{\sigma_{\mathrm{y0}}} \tag{4-5}$$

式中:L 为单元特征长度;$\dot{\bar{\varepsilon}}^{pl}$ 损伤初始后的塑性应变率;$\bar{u}_f^{pl}$ 为失效时的等效塑性位移;σ_{y0}为断裂时的应力;G_f 为断裂能,取值为 100J/m^2。

复合材料横向断裂常常是由于纤维 - 基体界面脱黏和基体微裂纹等损伤积累引起的,这些细观损伤行为之间的相互作用与许多因素有关,其中影响最大的因素是不同组分之间的黏合力。这里采用一种基于物理机制的零厚度 Cohesive 界面单元及 Traction - Separation 本构模拟纤维/基体界面损伤。认为界面单元拉伸和剪切强度相等,均为 50MPa,初始刚度为 10^8 MPa/m。

4.1.2 细观有限元模型建立

采用二维方形 RVE 计算复合材料横向加载下的力学性能。RVE 是由随机排列的圆形纤维嵌入在基体中组成的,仿真时一个重要的问题就是确定 RVE 的尺寸,一方面需要尽量缩小 RVE 的尺寸减小计算量,同时又需要保证 RVE 中包含足够的信息能独立代表复合材料性能,由文献[224]知包含 30 根纤维的 RVE 可以满足此条件。

采用改进的随机顺序吸收算法(算法流程图如图 4 - 1 所示)生成 64μm × 64μm 的方形 RVE,单胞中包含 30 根随机排列的纤维,纤维直径为 5μm,体积分数为 60% ,误差控制在 1% 以内。包含 30 根纤维的 RVE 如图 4 - 2 所示。

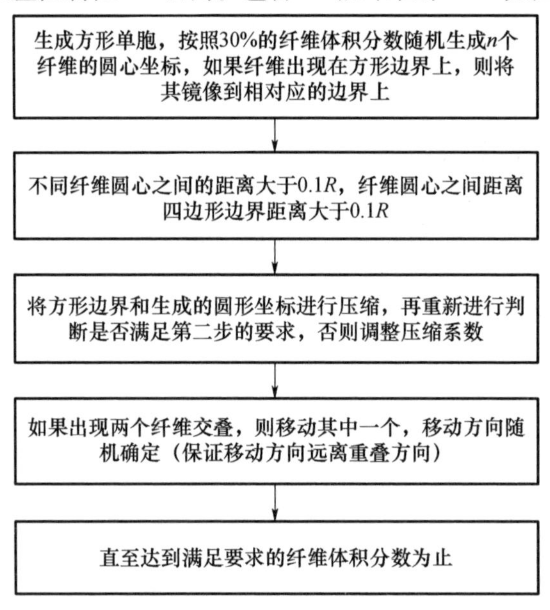

图 4 - 1 改进随机顺序吸收算法流程图

含周期性单胞的材料在外载荷作用下，其应力和应变场呈现出连续性和周期性，因此需要对 RVE 施加周期性边界条件，确保得到合理的细观应力、应变分布。对图 4－2 所示的二维单胞施加周期性边界条件的方程如下[218－219]：

图 4－2　RVE 周期性边界条件施加示意图

$$\begin{cases} u_{\mathrm{AB}} - u_{\mathrm{OC}} = u_{\mathrm{A}} - u_{\mathrm{O}} \\ v_{\mathrm{AB}} - v_{\mathrm{OC}} = v_{\mathrm{A}} - v_{\mathrm{O}} \end{cases} \tag{4-6}$$

$$\begin{cases} u_{\mathrm{BC}} - u_{\mathrm{OA}} = u_{\mathrm{C}} - u_{\mathrm{O}} \\ v_{\mathrm{BC}} - v_{\mathrm{OA}} = v_{\mathrm{C}} - v_{\mathrm{O}} \end{cases} \tag{4-7}$$

对于四个角节点 $OABC$ 施加如下约束：

（1）O 节点全约束，A、C 节点可以根据施加载荷的需要确定施加的约束。

（2）B 节点约束方程为

$$u_{\mathrm{B}} = u_{\mathrm{A}} + u_{\mathrm{B}} \tag{4-8}$$

将上述方程用脚本语言 Python 编写成子程序供 ABAQUS 软件调用，完成对 RVE 周期性边界条件的施加。

采用四边形单元 CPE4R 单元和三角形单元 CPE3 对 RVE 进行网格划分，在基体和纤维边界添加二维 Cohesive 单元 COH2D4，添加 Cohesive 单元的程序流程如图 4－3 所示。

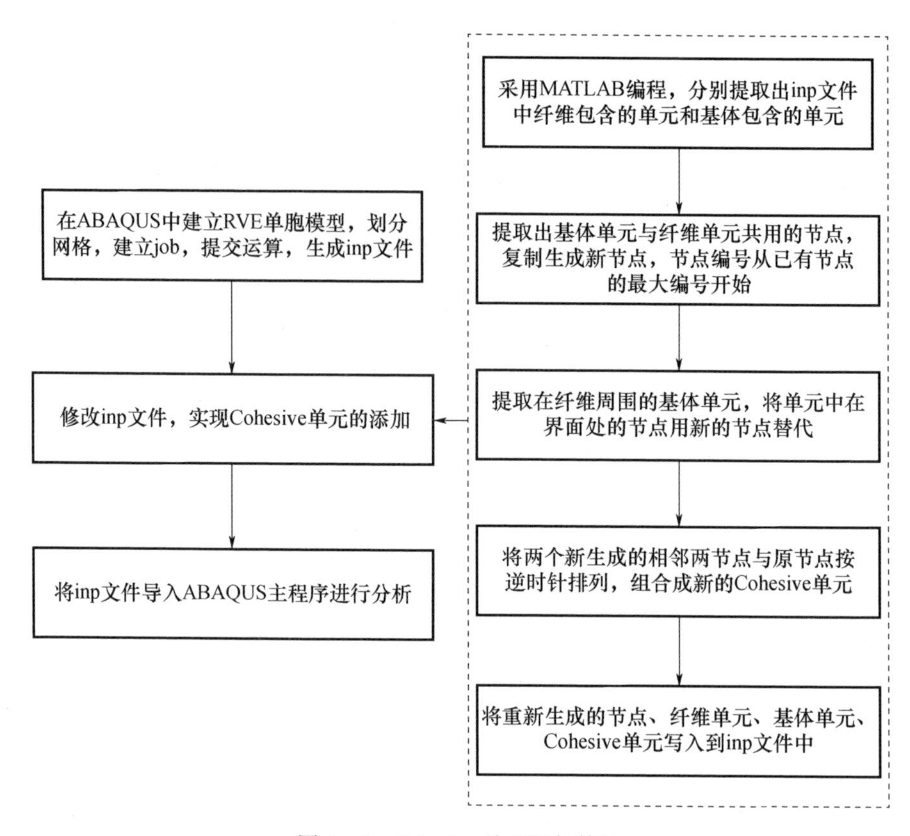

图 4－3　Cohesive 单元添加算法

4.1.3　横向载荷作用下的力学性能预测

复合材料固化降温过程中由于纤维和基体的热膨胀系数不同，会在纤维/基体界面处产生残余应力，为了让仿真结果更接近实际情况，在计算过程中需要考虑残余应力的影响。纤维和基体的热膨胀系数分别取为 4.9×10^{-6}/K 和 58×10^{-6}/K，固化温度从 175℃ 降到室温 25℃[225]。

通过对 RVE 施加不同的初始边界条件，可以实现横向拉伸、压缩和剪切加载。计算结束后提取单胞应力、应变，然后采用均匀化方法得到宏观尺度的应力、应变响应，计算公式如下：

$$\bar{\sigma}_{ij}=\frac{1}{V}\int_V\sigma_{ij}\mathrm{d}V,\quad \bar{\varepsilon}_{ij}=\frac{1}{V}\int_V\varepsilon_{ij}\mathrm{d}V \tag{4-9}$$

通过式(4－9)可以确定不同载荷下复合材料宏观的应力－应变关系，

根据应力-应变关系可以求出复合材料的横向模量、强度等力学性能参数。将仿真预测结果与文献[224]中试验结果对比，如表4-2所列。

表4-2 复合材料横向力学性能预测结果与试验结果对比

参数	拉伸模量/GPa	压缩模量/GPa	剪切模量/GPa	拉伸强度/MPa	压缩强度/MPa	剪切强度/MPa
仿真结果	16.53	17.17	5.46	38.92	122.50	76.16
试验结果	17.70	17.70	5.83	35.00	114.00	72
误差	6.61%	3.00%	6.78%	11.20%	7.46%	5.78%

1. **拉伸载荷**

在图4-2中点A处施加X方向位移载荷，固定点O，限制点C的转动自由度和X方向位移自由度，即可完成拉伸位移的施加。

图4-4中给出了三种不同界面强度下横向拉伸应力-应变关系，“w/”代表考虑残余应力的影响，“w/o”代表不考虑残余应力影响的情况（下同）。从图4-4中可以看出，相比不考虑残余应力的情况而言，存在残余应力时复合材料拉伸强度略有提高，这是由于基体热膨胀系数大于纤维热膨胀系数，固化过程中会在界面处产生压应力，抵消了一部分拉伸载荷的影响。随着界面强度的提高，复合材料拉伸强度随之提高，但当界面强度接近基体强度后，界面强度的提高对复合材料拉伸强度的影响随之减弱。

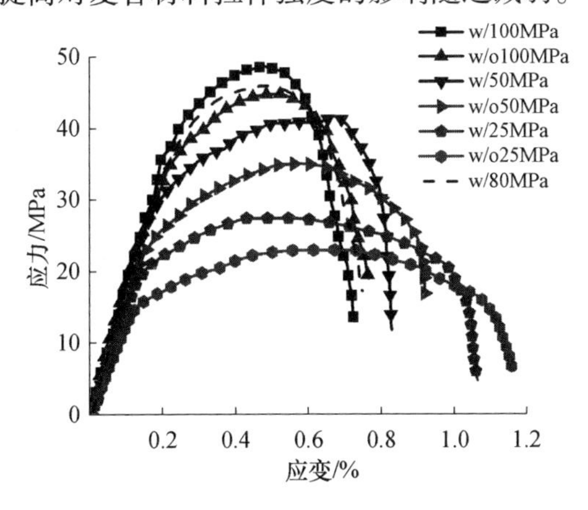

图4-4 不同界面强度下横向拉伸应力-应变关系

图4-5中给出了界面强度为50MPa时复合材料的损伤演化过程。由图4-5可以看出当界面强度低于基体强度时,纤维-基体界面先于基体发生破坏,在基体达到拉伸强度之前便发生了界面脱黏,原有界面变成了自由表面,内部应变能得到释放。随着界面损伤的积累,引起基体破坏,并最终导致材料整体失效,最终断裂形态与图4-6的试验结果[226]相似。当复合材料界面强度高于基体强度(即界面强度为100MPa)时损伤演化过程为:裂纹首先在基体中产生,随着损伤积累逐渐扩展到界面处,并最终引起断裂破坏。

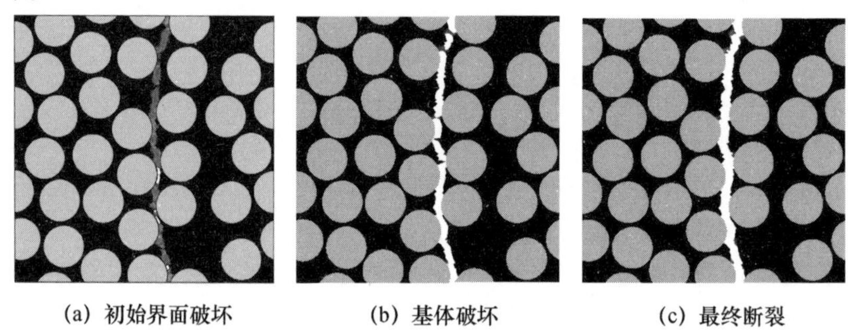

(a) 初始界面破坏　　(b) 基体破坏　　(c) 最终断裂

图4-5　横向拉伸载荷作用下损伤演化过程

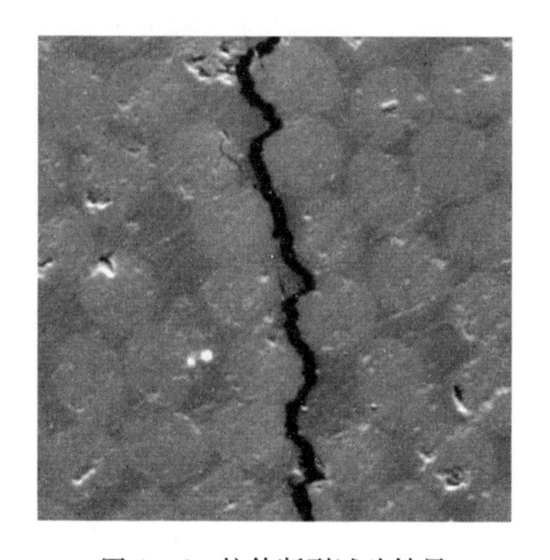

图4-6　拉伸断裂试验结果

2. **压缩载荷**

图4-7中给出了不同界面强度下复合材料横向压缩断裂计算结果。从图中可以看出,界面强度相同时,由于界面处残余压应力的影响,使得复合材料横向压缩强度相对于没有残余应力时略有降低。

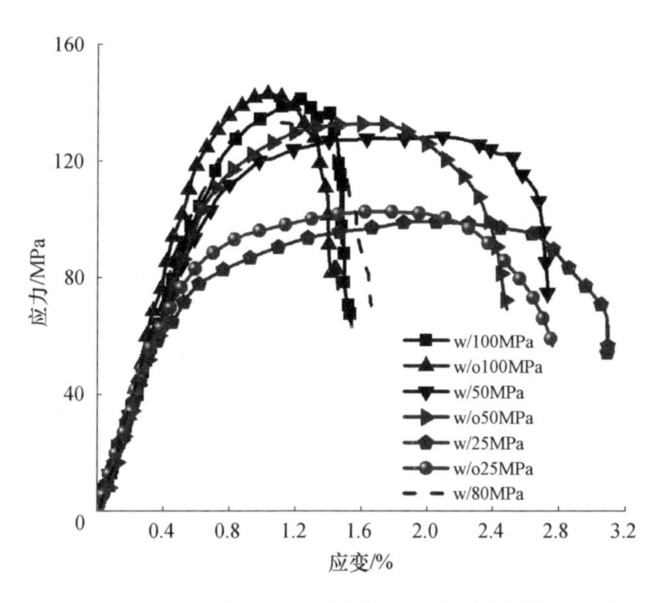

图4-7 不同界面强度下复合材料横向压缩断裂计算结果

由图4-7可知,不同界面强度下,复合材料横向压缩失效之前都表现出明显的非线性行为,这是由于在压缩载荷作用下,纤维-基体界面首先发生脱黏,随着载荷继续增加,基体中出现裂纹,直至材料发生整体破坏。压缩载荷作用下,基体与纤维间的法向应力较小,界面脱黏主要是由于基体与纤维之间的切向应力引起的。随着界面强度的提高,复合材料压缩断裂强度也随之增高,当界面强度在标准强度(50MPa)以下时,随着界面强度增加,复合材料压缩断裂强度有显著提高,提高了约22%,而随着界面强度的进一步提高,断裂强度提高则不明显,界面强度为100MPa时断裂强度只提高了约10%。这是由于当界面强度增大到一定程度,压缩时首先出现基体破坏,随着损伤积累才出现界面破坏,材料的性能主要由基体力学性能决定。标准界面下复合材料断裂形貌如图4-8所示,断裂角与基体理论断裂角略有不同,界面裂纹处存在基体塑性剪切带,与试验观察到的现象一致[227]。

3. **剪切载荷**

由图4-9中可以看出,残余应力对复合材料剪切性能影响不大。不同界面强度情况下,复合材料剪切性能的变化规律与压缩变化规律相似。复合材料在剪切载荷作用下,纤维与基体之间的法向应力与切向应力的综合作用导致部分界面早于基体发生失效。随着载荷的继续增加,基体开始进入损伤阶段。当界面强度明显低于基体强度时,纤维与基体之间由于界面脱黏形成较多的自由表面,导致单胞的整体刚度降低。因此,在线性段过后,随着加载的继续,平均应力-应变曲线中出现了较长的平缓上升段。

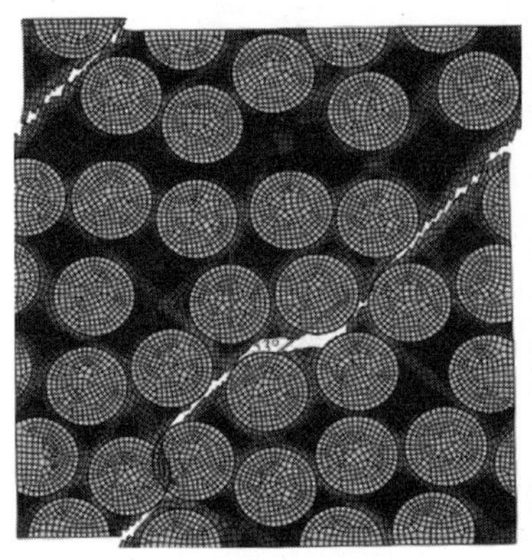

(a) 压缩断裂仿真结果

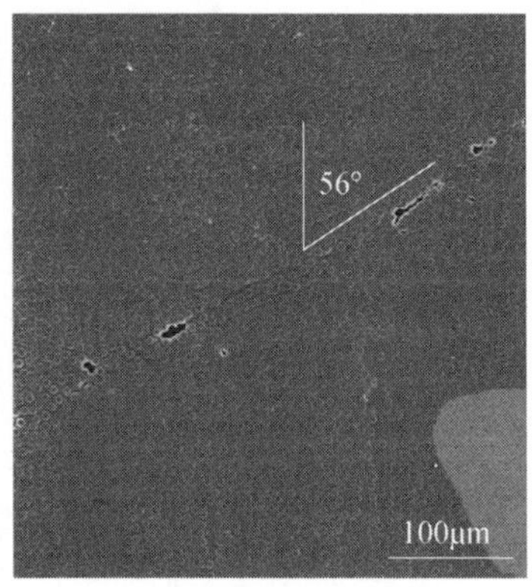

(b) 压缩断裂试验结果

图4-8 压缩断裂仿真与试验结果对比

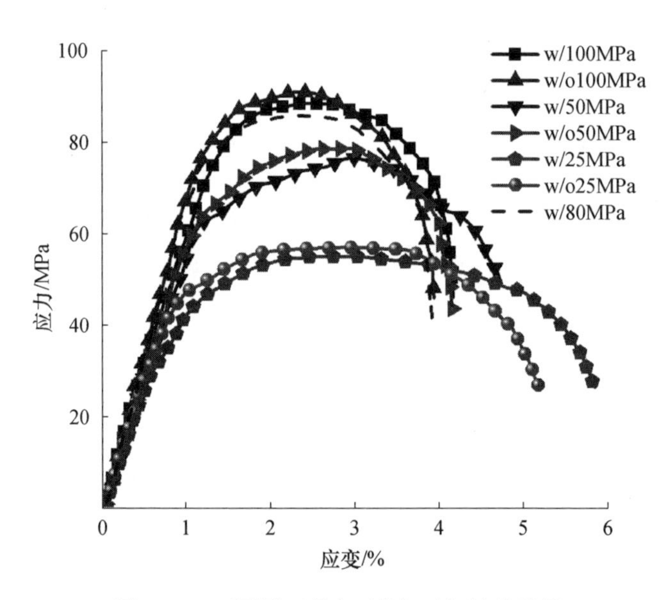

图4-9 不同界面强度下剪切破坏计算结果

4.2 缠绕复合材料力学性能测试

以往在分析缠绕复合材料壳体结构时,通常将其等效为层合板,采用的参数也是通过常规复合材料层合板的拉、压、剪等标准测试得到的。然而,由于复合材料层合板和缠绕复合材料壳体制作工艺的差异,两者的力学性能参数也不能完全等效。因此,本节中为获取碳纤维/环氧树脂基缠绕复合材料(T700/Epoxy)的基本力学性能参数,制作了缠绕复合材料NOL试件和缠绕复合材料板型件,并依据相关试验标准,开展了拉伸、面内剪切和层间剪切试验。

4.2.1 拉伸及层间剪切性能

NOL环试件(图4-10)相对于普通的板条型试件而言,具有成形工艺简单、易操作实施,经一次固化成形便可用于试验测试,无需后续试样加工等诸多优点,大大降低了试验过程中的干扰因素,提高了试验数据的可靠性。同时由于NOL环试件采用缠绕成形工艺,与后续研究的缠绕复合材料壳体等结构的制作工艺接近,因此测得的数据针对性更强。

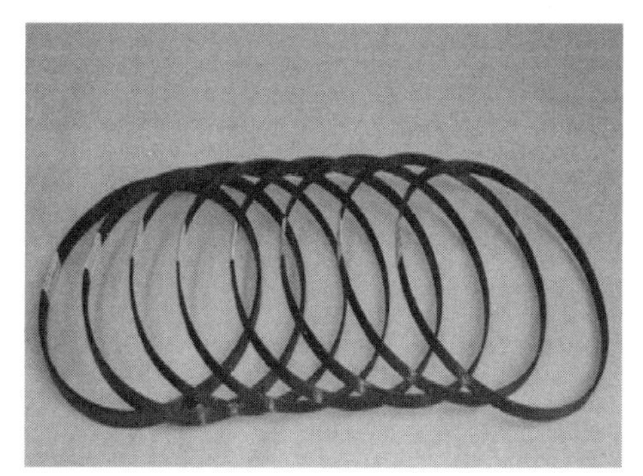

(a) 复合材料NOL环试件

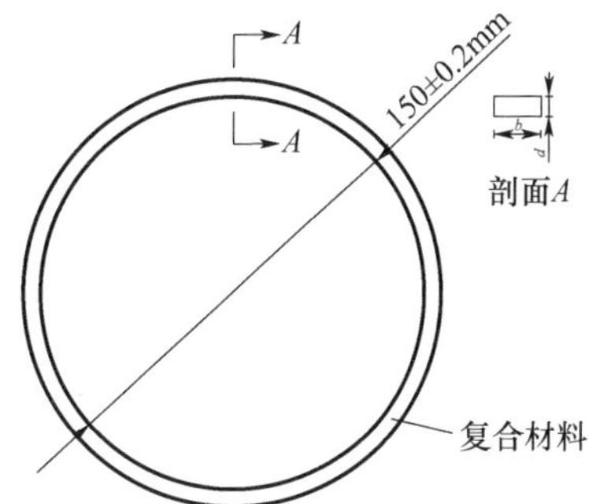

(b) 复合材料NOL环尺寸示意图

图4-10 T700碳纤维复合材料NOL环试样

T700碳纤维/环氧树脂复合材料NOL环的制备是在西安航天复合材料研究所的数控缠绕机上制作完成的。针对复合材料拉伸测试和层间剪切强度测试试验,分别缠制了1.5mm和3mm两种不同厚度的NOL环,前者用于拉伸强度测试,后者用于层间剪切强度测试。参照GB/T 1458—2008《缠绕增强塑料环形试样力学性能试验方法》,分别采用劈裂圆盘法和短梁剪切法测试复合材料 NOL 环拉伸强度和层间剪切强度,如图 4－11 所示。拉伸和层间剪切强度测试均选取 27 个有效试样进行统计分析。

(a) NOL环拉伸强度测试

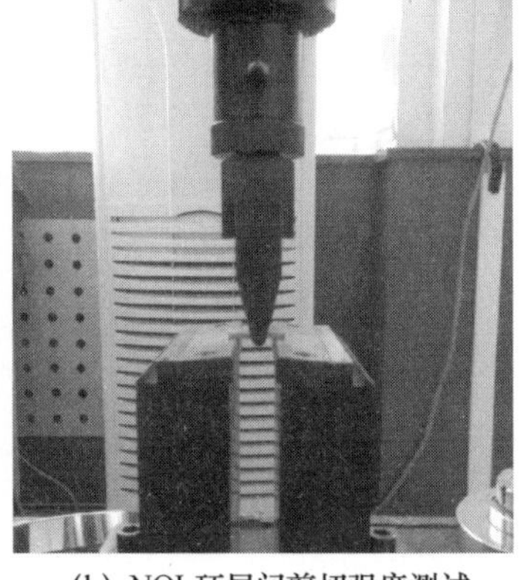
(b) NOL环层间剪切强度测试

图 4－11　NOL 环力学性能测试

1. **拉伸强度和拉伸模量的计算**

NOL 环的拉伸强度按照下式计算:

$$\sigma_t = \frac{P_t}{2bh} \tag{4-10}$$

式中:P_t 为破坏载荷(N);b 为试样宽度(mm);h 为试样厚度(mm)。

NOL 环的拉伸模量按照下式计算:

$$E_t = \frac{\pi D \Delta P}{2bh(\Delta l_1 + \Delta l_2)} \tag{4-11}$$

式中:ΔP 为载荷－位移曲线上初始直线段的载荷增量(N);b 为试样宽度(mm);h 为试样厚度(mm);D 为试样直径(mm);Δl_1、Δl_2 分别为对应于载荷增量 ΔP 的两侧变形增量(mm)。在拉伸试验中,载荷增量 ΔP 的起始点载荷为 3kN,终止点载荷为 7kN。

2. **剪切强度的计算**

NOL 环的剪切强度按照下式计算:

$$\tau_s = \frac{3P}{4bh} \tag{4-12}$$

式中:τ_s 为层间剪切强度(MPa);P 为破坏载荷(N);b 为试样宽度(mm);h 为试样厚度(mm)。

4.2.2　面内剪切性能

面内剪切性能是复合材料的重要性能指标之一，目前常见的复合材料剪切试验方法包括±45°纵横剪切、双V形槽剪切、薄壁筒扭转等，其中±45°纵横剪切法由于试样制备和加载方式简单、得到了较为广泛的应用。按照ASTM D3518—2001《复合材料面内剪切性能试验方法》中的步骤开展复合材料面内剪切试验。

为了更准确地反映纤维交叠对缠绕复合材料面内剪切性能的影响，制作了缠绕复合材料拉伸试件，制作过程为：首先在缠绕机上制作缠绕角度为±45°、厚度为2mm的壳体试件；然后去掉复合材料封头处的纤维层，将缠绕复合材料壳体沿轴线方向割开、展平；将展平的缠绕复合材料放置在钢质模具内加压固化成形；最后采用水切割方法将平板按照相应尺寸制作成±45°纵横剪切试样待用，整个制作过程如图4－12所示。由于在复合材料壳体展开的过程中，其边界处的纤维角度会出现一定程度的翘曲，因此在固化成形后去掉该部分边界，以保证试件的铺层顺序复合标准要求。

(a) 缠绕芯模及缠绕过程

(b) 成形的缠绕复合材料

(c) 缠绕结构展开后切割成平板

(d) 标准拉伸试件

图4－12　±45°纵横剪切试件制作过程

同时，为了对比分析的需要，制作了铺层顺序为$[\pm 45°]_s$的传统复合材料层合板试件，并同样对其进行了面内剪切试验，试样尺寸如图4－13所示。

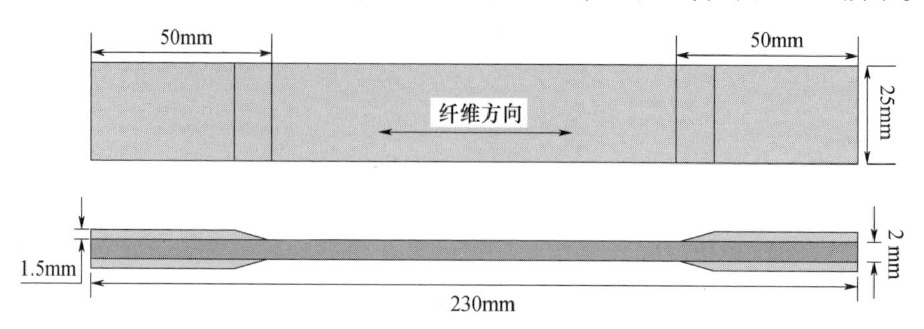

图4－13　±45°纵横剪切试件尺寸示意图

在进行缠绕复合材料±45°纵横剪切试验过程中，采用数字图像相关(Digital Image Correlation，DIC)测试技术监测了试件加载过程中应变场的变化情况，如图4－14所示。DIC测试技术是通过高分辨率的摄像头拍摄并记录测试物体表面散斑图像随变形的变化情况，结合相应的数字图像处理技术快速检测被测量物体的三维坐标、位移、应变等数据。DIC测试技术具有精度高、处理速度快、非接触等优点，在材料应变场测试中得到了广泛应用。本试验中采用该方法记录试件破坏过程中的纵、横向应变变化情况，同时分析缠绕结构对应变场的影响情况。

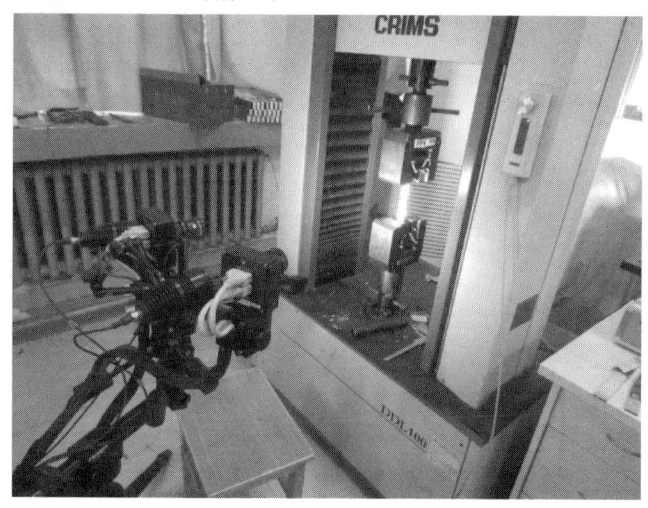

图4－14　缠绕复合材料拉伸DIC测试试验

测定剪切模量需要记录纵向与横向应变，这可以通过DIC测试得到，纵横剪切模量按照下式计算：

$$G_{12}=\frac{\Delta P}{2bh\Delta\varepsilon_x(1-\Delta\varepsilon_y/\Delta\varepsilon_x)}$$

式中：b 为试样宽度（mm）；h 为试样厚度（mm）；ΔP 为载荷－应变曲线上的载荷增量（N）；$\Delta\varepsilon_x$ 为与 ΔP 相对应的试样轴向应变增量；$\Delta\varepsilon_y$ 为与 ΔP 相对应的垂直于试样轴线方向的应变增量。

纵横剪切强度按下式计算：

$$S=\frac{P_{\mathrm{b}}}{2bh}$$

式中：P_{b} 为试样破坏时的最大载荷（N）；b 为试样宽度（mm）；h 为试样厚度（mm）。

4.3　缠绕复合材料力学性能统计特性

通过上述试验测试与理论预测，得到了T700/Epoxy缠绕复合材料的基本力学性能参数，包括纵向拉伸强度 X_{T}、纵向弹性模量 E_{11}、面内剪切强度 S_{12}、面内剪切模量 G_{12}、层间剪切强度 t_2 和层间剪切模量 E_2 等参数。同时，采用复合材料横向拉伸试件测试得到了T700/Epoxy缠绕复合材料的横向拉伸强度 Y_{T} 和横向拉伸模量 E_{22}，测试得到的结果如表4－3所列。

表4－3　T700/Epoxy缠绕复合材料性能测试结果

材料性能	X_{T}	E_{11}	Y_{T}	E_{22}	S_{12}	G_{12}	t_2	E_2
均值	2728.7MPa	134.6GPa	37.3MPa	7.6GPa	82.7MPa	3.7GPa	58.6MPa	4.7GPa
离散系数	4.6%	1.7%	5.6%	2.1%	6.8%	3.1%	7.1%	4.2%

从测试结果可以看出，缠绕复合材料的拉伸强度及剪切强度均具有一定的分散性，根据以往的经验可知，复合材料强度一般服从韦布尔分布。因此，采用最大似然估计法对复合材料的强度进行双参数韦布尔分布拟合。

最大似然估计法是概率论中参数估计的常用方法之一，其基本思路如下:若已知某个随机样本满足某种概率分布,但是其中的具体参数不清楚,最大似然估计就是通过若干次试验利用结果求解出分布参数,并且求解出来的参数能使这个样本出现的概率最大,把该参数作为这组样本估计的真实值。

常见双参数韦布尔分布的分布密度函数可以表示为

$$f(x)=\frac{m}{\eta}\left(\frac{x}{\eta}\right)^{m-1}\exp\left[-\left(\frac{x}{\eta}\right)^{m}\right],\quad x>0,\eta>0,\beta>0 \tag{4-13}$$

式中:m 为韦布尔分布中的形状参数,它的值影响韦布尔分布密度曲线形状;η 为尺度参数。

已知样本 X,容量为 n,且其服从双参数韦布尔分布,采用最大似然估计法计算其韦布尔分布参数的过程为:

(1) 求取样本 X 对应的似然函数:

$$L(\eta,m,x)=\left(\frac{m}{\eta}\right)^{n}\eta^{n(1-m)}\left(\prod_{i=1}^{n}x_i\right)^{m-1}\exp\left[-\left(\sum_{i=1}^{n}\frac{x_i}{\eta}\right)^{m}\right] \tag{4-14}$$

(2) 对似然函数两边取对数:

$$\ln L(\eta,m,x)=n\ln\left(\frac{m}{\eta}\right)+n(1-m)\ln\eta+(m-1)\sum_{i=1}^{n}\ln x_i-\eta^{-m}\sum_{i=1}^{n}x_i^{m} \tag{4-15}$$

(3) 对式(4-15)分别关于 η 和 m 求偏导,并令其为零,则有

$$\begin{cases}\eta^{-m}\sum\limits_{i=1}^{n}x_i^{m}-n=0\\ \dfrac{n}{\beta}+\sum\limits_{i=1}^{n}\ln x_i-\eta^{-\beta}\sum\limits_{i=1}^{n}x_i^{\beta}\ln x_i=0\end{cases} \tag{4-16}$$

最后,采用 Newton-Raphson 算法求解式(4-16),得到韦布尔分布的形状参数和尺度参数,最终拟合结果如图 4-15 所示。

在对所得试验数据进行参数估计后,采用 K-S 检验方法对其进行分布假设检验。K-S 检验的基本原理是将需要做统计分析的数据和另一组标准数据进行对比,求得其和标准数据之间的偏差,判断偏差值是否落在要求的置信区间内,若偏差值落在了对应的置信区间内,则说明被检测的数据满足要求。

在显著性水平为 0.05 的情况下对上述复合材料强度的韦布尔分布参数进行了 K-S 检验,检验结果表明:纵向拉伸强度、面内剪切强度和层间剪切强度均服从双参数韦布尔分布,分布参数如表 4-4 所列。

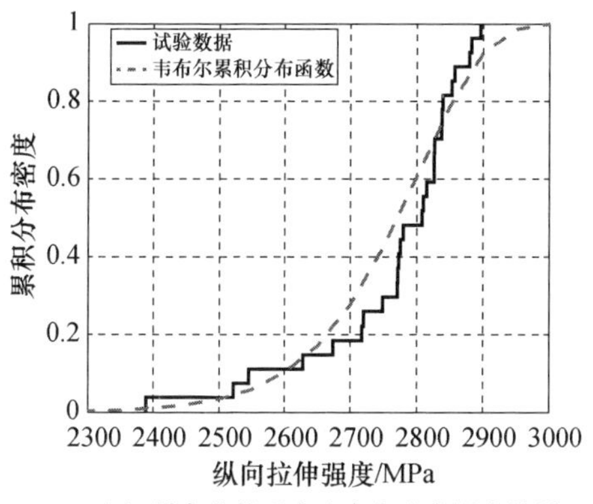

(a) 纵向拉伸强度韦布尔分布拟合结果

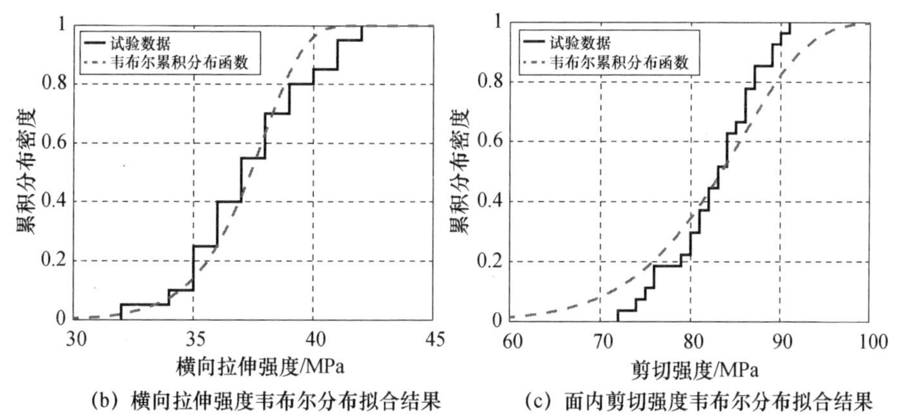

(b) 横向拉伸强度韦布尔分布拟合结果 (c) 面内剪切强度韦布尔分布拟合结果

图4-15 双参数韦布尔分布函数拟合结果

表4-4 T700/Epoxy缠绕复合材料强度性能的韦布尔分布参数

韦布尔分布参数	X_T	Y_T	$S_{12}=S_{13}$
尺度参数 λ	2807MPa	38MPa	86MPa
形状参数 m	29	22	12

同时,在对缠绕平板制成的面内剪切测试中发现其应力-应变呈现明显的非线性行为,如图4-16所示。从图中可以看出,缠绕复合材料试件和复合材料层合板试件在拉伸的初始阶段表现出较为相似的行为,但是缠绕复合材料的面内剪切失效应变明显大于层合板的失效应变。±45°缠绕复合材料的这种特性与其细观尺度上的纤维交叠结构密切相关,这种纤维交叠

结构对拉伸过程中试件内部的损伤扩展起到了阻碍作用,使得缠绕复合材料能够承受比复合材料层合板更大的剪切变形。

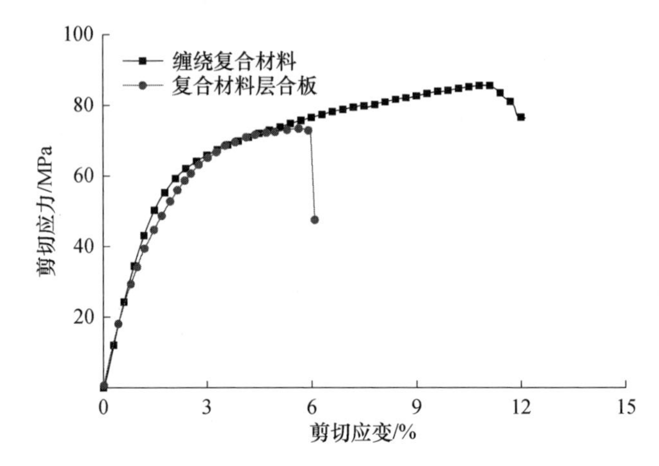

图 4-16　两种试件面内剪切应力-应变曲线对比

第5章 缠绕复合材料壳体低速冲击损伤试验研究

在导弹武器日常的贮存、使用和转运过程中,缠绕复合材料壳体可能会受到外来物体的冲击,当冲击能量较低时,在壳体结构外表面尚未观察到冲击痕迹的情况下,壳体内部已经出现了较为复杂的损伤。然而,以往针对缠绕复合材料壳体低速冲击损伤特性及损伤机理的研究相对较少,且大部分研究中并未考虑缠绕复合材料壳体与复合材料层合板结构的区别。同时,目前关于如何检测识别低速冲击后缠绕复合材料壳体内部不同模式的损伤也没有明确结论。

鉴于此,本章设计开展不同冲击能量下的缠绕复合材料壳体、复合材料层合板结构及缠绕复合材料平板的低速落锤冲击试验,通过三种试件低速冲击响应规律及损伤模式的对比,分析缠绕复合材料壳体低速冲击损伤特性。在此基础上,采用超声、X 射线及扫描电镜等手段对壳体内部不同损伤模式进行检测研究,揭示缠绕复合材料壳体低速冲击损伤机理。

5.1 低速落锤冲击试验

5.1.1 低速冲击试验设备

针对目前固体火箭发动机中常用的 T700 碳纤维/环氧树脂基复合材料,开展复合材料层合板和缠绕复合材料壳体的低速冲击试验,试验参考美国复合材料委员会编写的低速冲击试验标准进行[228]。所有试件的冲击试验中均在型号为 INSTRON Dynatup 9250HV 的低速落锤试验机上进行,该型号落锤试验机配备有防二次冲击装置,如图 5－1 所示。试验过程中使用的是直径为12.7mm的半球形冲头，配重加冲头的总质量为6.5kg，冲击能量由冲头与试件之间的初始高度差确定，在冲头内部装有载荷和加速度传感器用以采集冲击试验过程中的相关数据。

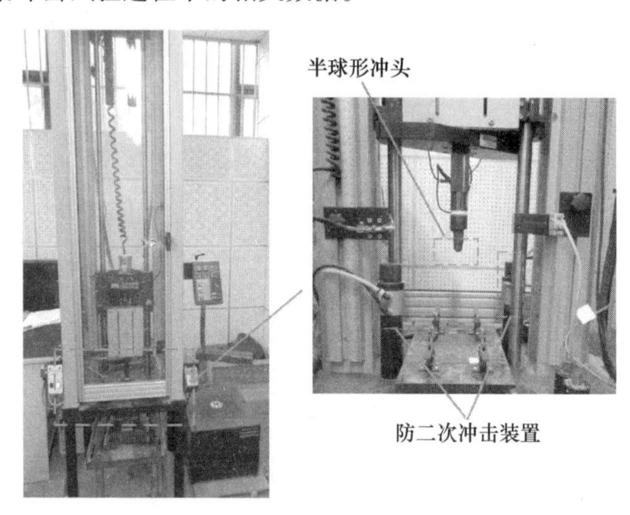

图5-1 低速落锤冲击试验机

5.1.2 复合材料低速冲击试件制备

1. **层合板**

为对比研究缠绕复合材料的抗冲击特性，采用T700碳纤维/环氧树脂预浸料制成复合材料层合板试件，试件铺层顺序为$[90°/\pm 28°_2/90°_2/28°]_s$，尺寸150mm×100mm×2mm，试件尺寸及外观如图5-2所示。

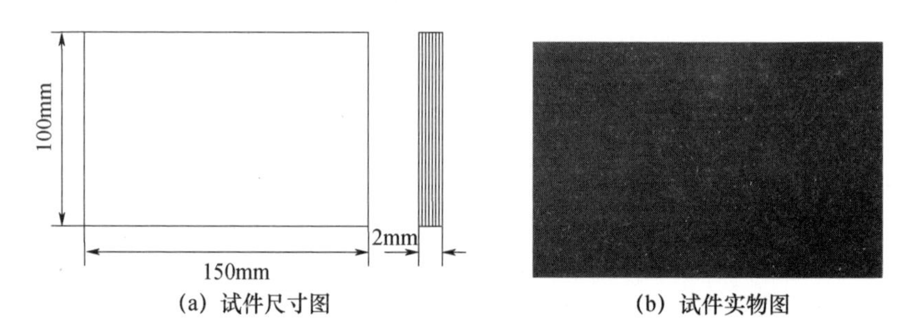

图5-2 试验中所用复合材料试件

2. **缠绕复合材料壳体试件**

缠绕复合材料壳体试件采用的是日本东丽 T700 碳纤维和自制的环氧树脂配方按一定线型经湿法缠绕制作而成,缠绕设备为西安航天复合材料研究所的卧式缠绕机,制作过程如图 5 - 3 所示。缠绕复合材料壳体筒段采用螺旋缠绕加环向缠绕制作;复合材料壳体封头段是与筒段螺旋缠绕同时完成的,并按照相关工艺进行了封头补强处理,以保证纵向和环向纤维强度。最终得到的缠绕复合材料壳体试件(含两端钢质封头在内)总长 260mm。复合材料壳体筒段长度和半径均为 150mm,筒段平均厚度为 2. 2mm,筒段缠绕角度为$[90°_2/\pm 28°]_3$。

(a) 芯模

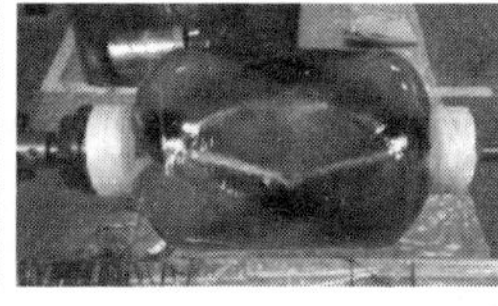
(b) 缠绕过程

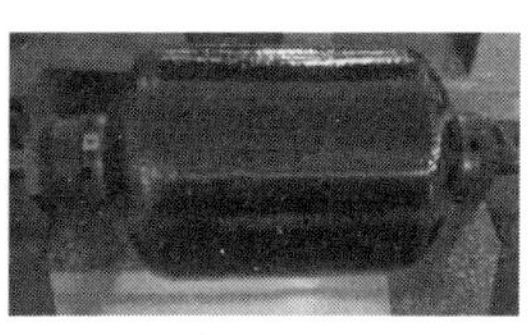
(c) 最终壳体试件

图 5 - 3　缠绕壳体试件制作过程

3. **缠绕复合材料平板**

由于缠绕复合材料壳体结构的特殊性,在进行完冲击测试后无法有效判断其内部损伤模式,同时为了更好地与复合材料层合板的冲击性能进行对比,因此制作缠绕复合材料平板用于低速冲击试验。

缠绕复合材料平板的制作是在缠绕壳体制作基础上进行的,即复合材料壳体缠绕成形后,在固化前,将其两端封头去掉,并沿筒段母线展开成平板,之后再进行加压固化,固化完成后,采用水切割设备将其制成 150mm × 100mm 的平板试件。最终制成的缠绕复合材料平板的平均厚度为 2. 1mm,铺层顺序为$[90°_2/\pm 28°]_3$,如图 5 - 4 所示。从图 5 - 4(b)中可以明显看出试件背面存在纤维交叠的锯齿状区域。

(a) 试件正面

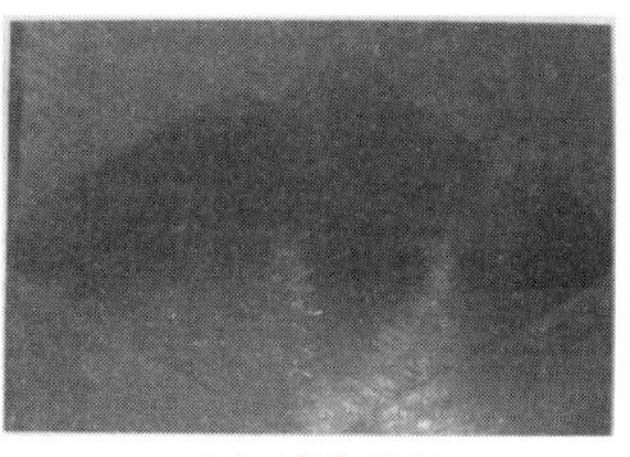
(b) 试件背面

图 5 - 4　缠绕平板试件

5.1.3 低速冲击试验夹具

1. 层合板试验中心开口夹具

低速冲击试验过程中,复合材料层合板和缠绕复合材料平板采用的是中心开口,四边简支的钢质夹具,开口区域尺寸为125mm×75mm,如图5-5所示,该夹具可以通过四角的沉头螺栓固定在落锤试验机上。

图5-5 复合材料层合板低速冲击试验夹具

2. 缠绕壳体试验夹具设计

由于低速落锤试验机上没有现成的夹具可以使用,因此,针对缠绕壳体的特殊结构,设计制作了一种与低速落锤试验机相匹配的试验夹具,如图5-6所示。缠绕复合材料壳体试件通过夹具两端的圆环与螺栓固定,使其在冲击过程中不会发生整体移动,复合材料壳体与夹具底部有10mm空隙,防止复合材料壳体与夹具下表面发生碰撞。

(a) 壳体结构试验夹具

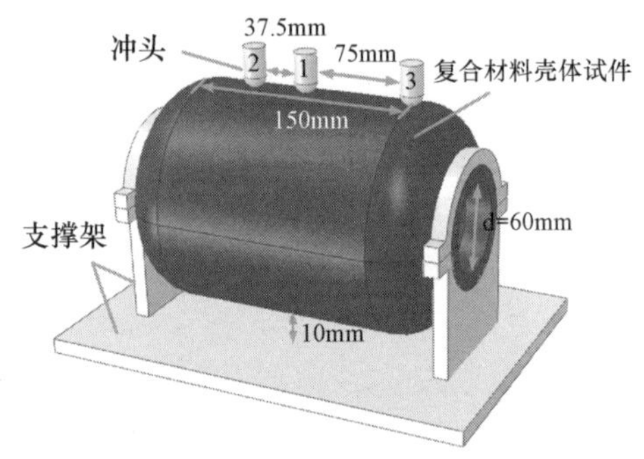

(b) 夹具尺寸及冲击位置示意图

图5-6 缠绕壳体低速冲击试验夹具

5.1.4　试验步骤

针对复合材料层合板、缠绕复合材料平板和缠绕复合材料壳体试件设计开展了几种不同能量等级的低速冲击试验,具体试验参数如表 5 – 1 所列。

表 5 – 1　低速冲击试验相关参数

试件类型	冲头质量/kg	冲头初始速度/(m/s)	冲击能量/J	冲击位置
复合材料层合板	6.5	1.24	5	中心位置
		1.75	10	
		2.15	15	
		2.48	20	
缠绕复合材料平板	6.5	1.24	5	中心位置
		1.75	10	
		2.15	15	
		2.48	20	
缠绕复合材料壳体	6.5	1.24	5	三个部位,如图 5 – 6(b)所示
		1.75	10	
		2.15	15	
		2.48	20	
		2.77	25	
		3.28	35	

复合材料层合板和缠绕复合材料平板的冲击位置位于试件中心点处,缠绕复合材料壳体取三个不同部位进行冲击试验:1#冲击部位位于壳体筒段中心部位,3#冲击部位位于壳体封头赤道圆处,2#冲击部位位于 1#和 3#冲击部位的中间位置,如图 5 – 6(b)所示。

冲击试验开始前,采用超声波无损检测技术对试件进行缺陷检测,确保试件状态完好。低速落锤试验机冲头部位内嵌有载荷传感器及加速度传感器,通过其可以记录试验过程中的接触力 – 时间和位移 – 时间曲线。冲击试验结束后,对冲击后的试件开展相关的检测试验。试验中通过调节冲头的初始高度获得所需的不同冲击能量,冲头高度 H 的确定公式为

$$H = E/mg$$

式中:E 为冲击能量;m 为冲头质量;$g = 9.8\mathrm{m/s^2}$。

5.2 低速冲击响应规律分析

在低速冲击试验过程中,落锤试验机内置传感器和与之匹配的软件会自动记录下冲击过程中从冲头接触试件开始到冲头离开试件这一时间段内的接触力、位移、动能随时间变化的曲线,这些曲线统称为冲击响应曲线。下面对三种试件不同能量下的冲击响应曲线做对比分析,以期揭示缠绕复合材料壳体的冲击响应规律。

5.2.1 接触力-时间曲线变化规律分析

缠绕复合材料壳体三个部位不同冲击能量下的接触力-时间曲线如图5-7和图5-8所示。

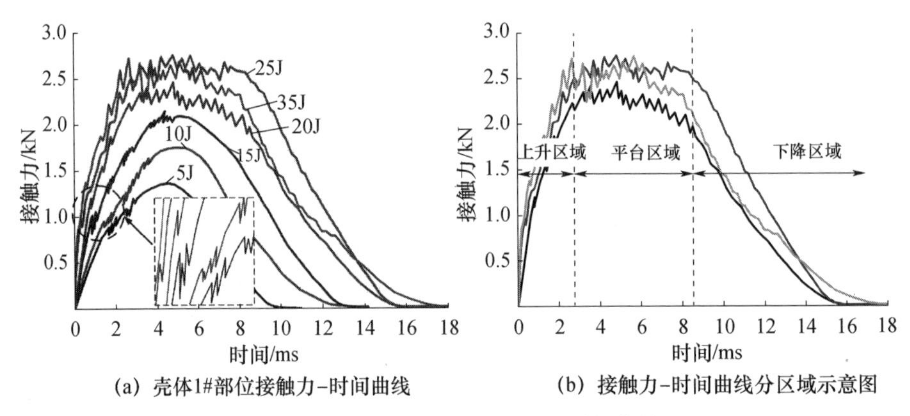

(a) 壳体1#部位接触力-时间曲线　　(b) 接触力-时间曲线分区域示意图

图5-7　壳体1#部位接触力-时间曲线

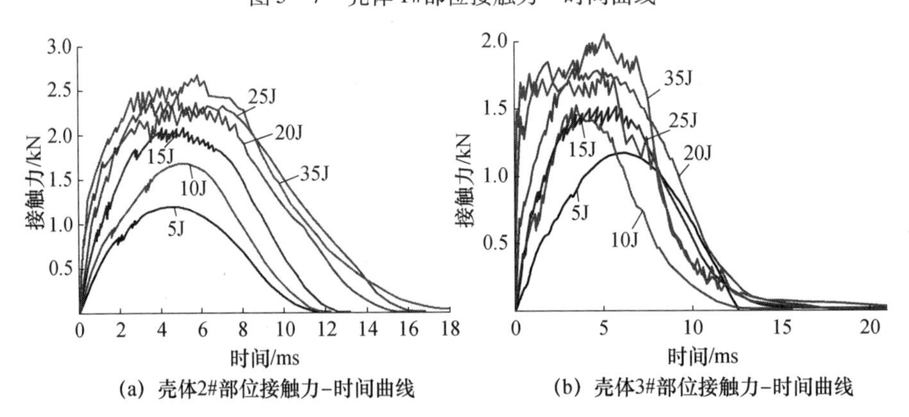

(a) 壳体2#部位接触力-时间曲线　　(b) 壳体3#部位接触力-时间曲线

图5-8　壳体2#和3#部位的接触力-时间曲线

由图5-7(a)中壳体1#部位的接触力-时间曲线可以发现:在冲击能量位于5~15J之间时,接触力-时间曲线较为光滑,曲线形状近似呈穹顶型;当冲击能量在20~35J之间时,曲线在最大接触力处出现反复振荡,持续时间较长。对此,可以将20~35J之间的接触力-时间曲线近似分为三部分进行分析,如图5-7(b)所示。

由图5-7(b)可以看出,接触力-时间曲线较为明显地分为三个部分,分别为上升区域、平台区域和下降区域。上升区域部分的曲线近似呈线性,在初始损伤出现前后该直线的斜率发生了变化,初始损伤出现前,接触力随时间变化快速上升,当接触力到达1kN附近时,出现初始损伤,接触力上升随时间上升的速率减缓,直到到达最大接触力2.6kN附近。第一阶段结束后,即接触力第一次达到最大值附近时,出现了一段接触力随时间围绕最大接触力反复振荡的区域,该区域可以近似看作平台区域,在平台区域内部,接触力的反复小幅度上升、下降应该是由于壳体结构内部不断出现损伤,而该损伤又不足以让壳体结构失去整体承载能力,所以接触力在此处呈现近似的平台区域。在接触力随时间下降区域,此时壳体的内能开始逐渐转变为冲头的动能,直到壳体与冲头分离为止。

对比分析图5-7(a)中不同能量下的接触力-时间曲线可知,随着冲击能量的增大,接触力-时间曲线的上升段斜率逐渐增大,平台区域的持续时间也逐渐增长,下降段由光滑变为振荡下行。同时,随着冲击能量的增大,冲头与壳体之间的接触力也逐渐增大,但是当冲击能量大于10J时,最大接触力几乎不再随冲击能量的增大而增加,发生改变的是冲头与壳体之间的接触时间随着冲击能量的增大而不断增加,这样一来,壳体结构就有足够多的时间吸收冲头的动能,壳体结构内部的损伤也必然随冲击能量增加不断增大。

壳体2#和3#部位不同冲击能量下的接触力-时间曲线如图5-8所示,与图5-7中1#部位的接触力-时间曲线对比分析可知,不同冲击能量下,三个部位的接触力-时间曲线变化趋势较为一致,均在能量较大时,出现了上述分析中的近似平台区域。对比三个部位不同冲击能量下的最大接触力可以发现,1#和2#部位的最大接触力较为接近,3#部位的最大接触力明显低于前两者。3#部位所处的封头赤道圆处,由于壳体筒段的环向层在封头处消失,使得该区域的厚度出现剧烈变化,因此在该部位冲击得到的接触力相对其他两个部位明显较小。

为了对比分析缠绕复合材料壳体、缠绕复合材料平板及复合材料层合板冲击响应规律的异同,将三种类型试件在冲击能量为 5 ~ 20J 时测试得到的接触力 – 时间曲线(图 5 – 9)进行对比分析。从图 5 – 9 中可以看出,冲击能量为 5J 和 10J 时,缠绕复合材料平板和对应复合材料层合板的接触力 – 时间曲线较为相似。当冲击能量为 15J 时,缠绕复合材料平板就发生了较为严重的破坏(经目视检测,此时试件背面出现了明显的纤维断裂),这在接触力 – 时间曲线上表现为接触力达到最大值后迅速下降,而复合材料层合板直到冲击能量为 20J 时才出现类似现象,这说明缠绕复合材料平板的抗冲击性能比复合材料层合板差。

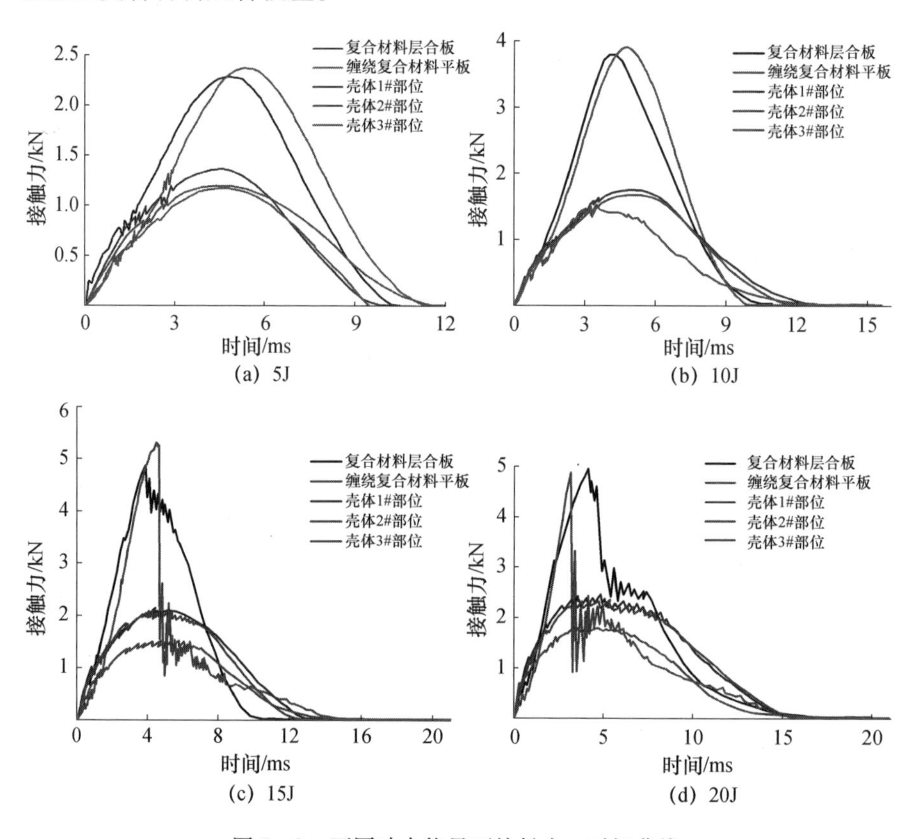

图 5 – 9　不同冲击能量下接触力 – 时间曲线

对比图 5 – 9 中缠绕复合材料平板与缠绕复合材料壳体不同部位的接触力 – 时间曲线可知,在相同冲击能量下,冲头与壳体结构的接触力明显低于缠绕复合材料平板与冲头的接触力,且缠绕复合材料平板的接触力 – 时间曲线中没有出现平台区域,这说明平板结构内部的冲击响应时间比壳体结构中的冲击响应时间短，因此导致平板结构中冲击影响的区域相对壳体结构而言更为集中。同时当冲击能量为 5 ~ 20J 时，缠绕复合材料壳体结构三个部位的接触力 - 时间曲线中均未出现明显的接触力下降段，表明壳体结构整体的抗冲击性能好于复合材料层合板及缠绕复合材料平板结构。

5.2.2 中心位移 - 时间曲线变化规律分析

低速冲击过程中，试件与冲头接触后，位于冲头正下方的区域开始随冲头的位移变化而发生变形，该变形过程可以通过落锤试验机自动记录下来，称为中心位移 - 时间曲线。

缠绕复合材料壳体三个部位在不同冲击能量下测试得到的中心位移 - 时间曲线如图 5 - 10 所示。从图 5 - 10(a) ~ (c)中壳体三个部位的中心位移 - 时间曲线的变化规律分析可知：壳体三个部位的中心位移 - 时间曲线形状近似为抛物线；随着冲击能量的增加，最大中心位移也随之增加，且中心位移 - 时间曲线上升段的斜率也随之增大。当中心位移达到最大值后，开始进入下降段，随着冲击能量的增加，下降段的持续时间不断增加；当冲击能量为 35J 时，从图 5 - 10 中可以看出曲线下降段的速率明显低于上升段速率，这说明试件在冲击过程中内部产生了损伤致使试件弹性性能下降，使得冲击反弹时间变长。图 5 - 10(c)所示的壳体 3#部位中心位移 - 时间曲线中当冲击能量大于 15J 时，曲线的下降段速率明显降低，说明当冲击能量大于 15J 时，壳体 3#部位附近的弹性性能就已经出现了明显下降。

图 5 - 11 为低速冲击作用下复合材料层合板、缠绕复合材料平板与缠绕复合材料壳体三类试件的中心位移 - 时间曲线。对比分析图 5 - 11 (a) ~ (d)中同一冲击能量下不同试件的最大中心位移可知，壳体试件的中心位移最大，且在壳体不同部位中，3#部位的中心位移最大，1#部位次之，2#部位最小。当冲击能量为 5J 和 10J 时，不同试件的中心位移 - 时间曲线的上升段和下降段速率相差不大，曲线形状与规则的抛物线较为相似；当冲击能量为 15J 时，缠绕复合材料平板与壳体 3#部位的曲线下降段速率明显低于上升段的速率，说明此时其内部产生了损伤；当冲击能量为 20J 时，复合材料层合板的曲线下降段速率也出现了明显降低。通过不同试件的中心位移 - 时间曲线对比可知，当复合材料层合板和缠绕复合材料平板出现弹性性能下降时，缠绕复合材料壳体筒段(1#和 2#部位)的弹性性能并未出现明显降低，说明缠绕复合材料壳体筒段的冲击韧性较好。

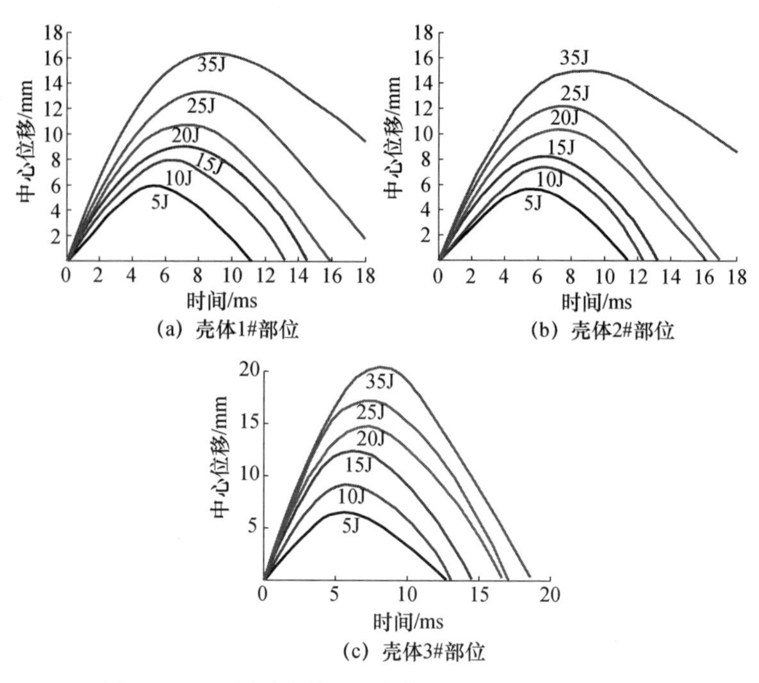

图 5-10 不同冲击能量下壳体的中心位移-时间曲线

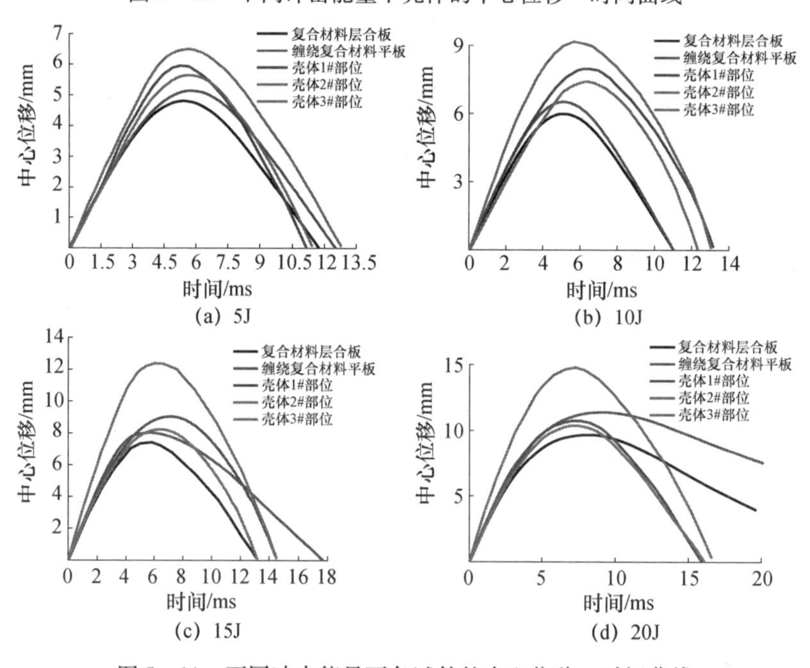

图 5-11 不同冲击能量下各试件的中心位移-时间曲线

5.2.3　冲头动能 – 时间曲线变化规律分析

图 5 – 12 为不同冲击能量作用下复合材料层合板、缠绕复合材料平板与缠绕复合材料壳体三类试件的冲头动能 – 时间曲线（图中纵坐标的冲击能量为了对比需要均做了均一化处理）。冲头动能 – 时间曲线中：冲头的剩余动能越大，说明被冲击试件在冲击过程中吸收的能量就越少；反之，则说明被冲击试件在冲击过程中吸收的能量越多。冲击过程中，试件吸收的能量主要可以分为以下几部分：试件内部的损伤消耗、试件自身振荡及摩擦的消耗、试件局部的塑性变形等，其中试件内部的损伤消耗占比最多，因此可以近似认为同一试件中吸收的能量与内部的损伤程度成正比。对比分析图5 – 12(a) ~ (c)中不同试件在同一能量等级下的冲头剩余动能可知，缠绕复合材料平板和复合材料层合板吸收的能量最多，当冲击能量为 20J 时（图 5 – 12(d)），缠绕复合材料平板和复合材料层合板中已经发生了大范围纤维破坏，此时试件吸收了冲击过程中绝大部分的动能。

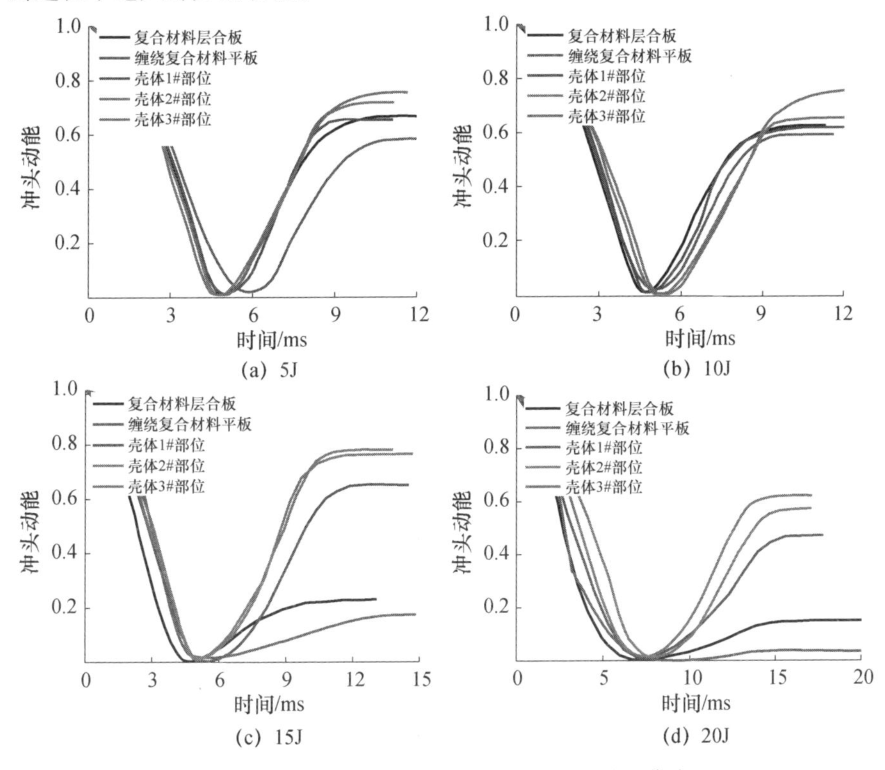

图 5 – 12　不同冲击能量下冲头动能 – 时间曲线

对比分析图5-12(a)~(d)中缠绕复合材料壳体不同部位的冲头动能-时间曲线可知:同一能量等级下,3#部位吸收的能量最少,1#部位吸收的能量最多,2#部位吸收的能量介于两者之间。

通过对比三类试件冲击过程中的冲头动能变化规律并结合试件表面的损伤情况可以得出如下结论:

(1)缠绕复合材料壳体试件冲击韧性最好,相比于平板试件,壳体试件冲击过程中的吸收的动能较少,且壳体结构在冲击后仍然保持完整;

(2)壳体试件的抗冲击性能与冲击部位密切相关,不同部位在冲击过程中吸收的能量不同,结构内部的损伤程度也不相同。

5.3 冲击后损伤模式研究

目前,对复合材料低速冲击损伤的检测可以分为两种:无损检测及破坏性检测。单一的检测方式往往无法准确判断复合材料内部的损伤程度及损伤特性,因此常常将无损检测与破坏性检测手段结合起来对冲击后的复合材料结构进行综合分析。

5.3.1 无损检测

常用的纤维增强复合材料无损检测方法包括复合材料外观目视检测、超声波扫描检测、射线检测及红外热波检测等。不同的检测手段侧重点不同:外观目视检测侧重于发现试件外表面的凹坑及明显的纤维断裂等损伤情况;超声波扫描检测主要侧重于检测试件内部分层损伤面积及形貌;射线检测主要用于检测试件内部的纤维断裂情况。

1. 外观目视检测

低速冲击试验完成后,对不同类型试件冲击位置附近进行目视检测,主要是观测试件冲击面和背面的损伤情况,下面主要针对缠绕复合材料壳体和平板试件的检测结果进行分析,如图5-13和图5-14所示。

图5-13为缠绕复合材料平板冲击后试件表面形貌,与普通复合材料层合板不同的是,缠绕平板背面的形貌呈现出明显的纤维交叠现象。当冲击能量为5J和10J时,试件表面未见明显损伤;当冲击能量为15J和20J时,试件冲击面观察到了纤维断裂损伤,如图5-13(c)和图5-13(d)中试件正面冲击形貌所示,纤维断裂方向与试件螺旋缠绕角度一致。缠绕平板试件背面的损伤主要是以纤维断裂和基体损伤为主,损伤位置位于缠绕交织出现

的交叠区域边缘(图 5 - 13(c)和图 5 - 13(d)中的锯齿区域),而在冲击位置正下方的试件背面并未出现明显的损伤。

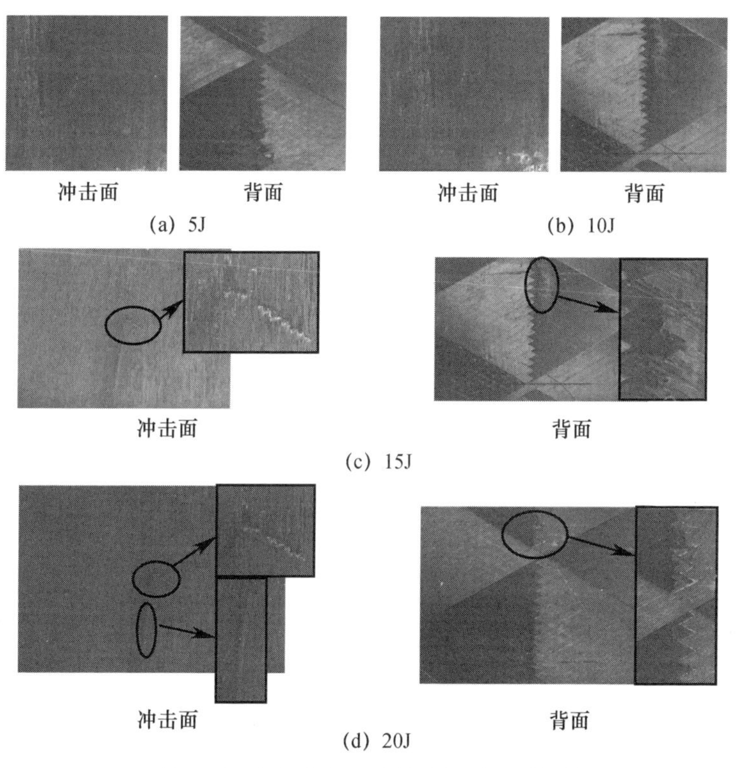

图 5 - 13　缠绕平板冲击损伤目视检测结果

冲击能量在 5 ~ 20J 之间时,壳体试件表面没有观察到明显的损伤痕迹,故此处只对 25J 和 35J 冲击后缠绕壳体结构不同部位的表面形貌进行分析,如图 5 - 14 所示。从图中可以看出,在缠绕复合材料壳体 1#和 2#部位冲击时,壳体表面并未观测到明显的凹坑痕迹,但在冲击位置两侧观察到了明显的纤维断裂损伤,纤维断裂损伤主要发生在壳体表面的环向纤维层中。在图 5 - 14(b)中可以观察到试件表面有明显的树脂聚集区,这是由于缠绕壳体在固化成形前,树脂流动性较大,壳体上方的树脂向壳体下方流动聚集形成的。当冲击能量为 25J 时,在壳体 3#部位观察到明显的基体损伤,如图 5 - 14(e)所示;当冲击能量为 35J 时,在壳体 3#部位冲击可以明显观察到试件表面出现了凹坑,如图 5 - 14(f)所示,并且在冲击位置附近也出现了纤维断裂与基体损伤。

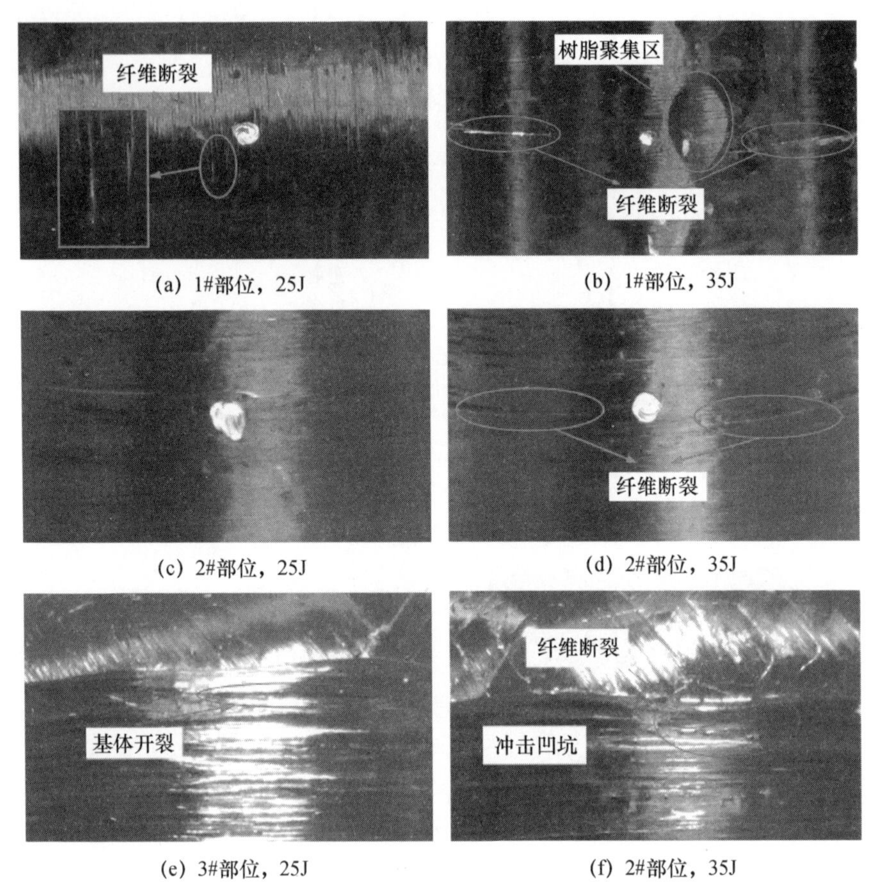

(a) 1#部位，25J (b) 1#部位，35J

(c) 2#部位，25J (d) 2#部位，35J

(e) 3#部位，25J (f) 2#部位，35J

图 5－14 缠绕壳体不同部位冲击损伤目视检测结果

由以上分析可以发现，缠绕复合材料壳体冲击后损伤形貌与冲击位置密切相关，在壳体筒段冲击时，试件表面的损伤主要以纤维断裂和基体破坏为主。与传统的复合材料层合板冲击后损伤形貌不同的是，在壳体筒段表面并未观察到由冲击形成的凹坑。复合材料冲击后表面凹坑的形成，主要是由于冲击过程中复合材料的塑性变形及纤维断裂引起的，而在壳体筒段部位冲击时，壳体的缓冲作用明显（从前面介绍的接触力－时间曲线中可以看出，壳体筒段部位的接触力明显小于层合板），因此在冲击能量为35J 时未在壳体筒段表面出现凹坑。在壳体 3#部位（封头赤道圆处）冲击时，观察到了明显的冲击凹坑，该凹坑主要是由于冲击位置附近发生纤维断裂导致封头赤道圆处发生凹陷形成的。

当冲击能量大于 10J 时，在复合材料层合板和缠绕板件的冲击背面可以观测到明显的纤维断裂形貌，此外，纤维断裂附近区域伴随有大量的基体破坏和界面破坏，这是由于冲击过程中，试件背面承受的拉应力最大，因此最容易发生破坏。采用内窥镜对 25J 和 35J 冲击后缠绕复合材料壳体试件背面进行观察，发现试件冲击点背面出现了小范围“鼓包”，但并未出现明显的纤维破坏。

2. **超声波扫描检测**

超声波扫描检测方法是利用超声波在不同介质之间传播速度不同，通过超声波发射和接收探头检测试件内部缺陷的方法。当试件内部完好无损时，超声波在介质中传播速度保持不变；当其内部存在缺陷时，超声波在缺陷部位传播速度发生改变，通过对接收到的超声波信号进行数字处理，可以确定相应的缺陷位置、尺寸等信息。常用的超声波扫描方式包括 A 扫描、B 扫描和 C 扫描三种，每种扫描所对应的超声波探头形式也不一样。超声 C 扫描的优点是可以形象直观地显示试件内部损伤信息，因此常用于复合材料层合板试件的冲击后损伤检测中。

然而，由于缠绕复合材料壳体结构与层合板不同，现有的超声波 C 扫描探头无法使用，故采用小型便携式的超声波 A 扫描设备对壳体内部损伤进行检测，所用设备如图 5 - 15 所示。超声波 A 扫描检测中使用的探头直径为 20mm，检测时以冲击点为圆心，逐步向外扩展进行扫描，直到到达损伤边界处为止，在检测到的损伤边界处逐一标记，最后形成的图像如图 5 - 16 所示。从图中可以看出缠绕复合材料壳体试件内部损伤围绕冲击点近似呈椭圆形分布，在壳体筒段，椭圆形长轴近似与壳体轴向一致，在壳体封头赤道圆处，椭圆形的长轴近似与壳体环向一致。

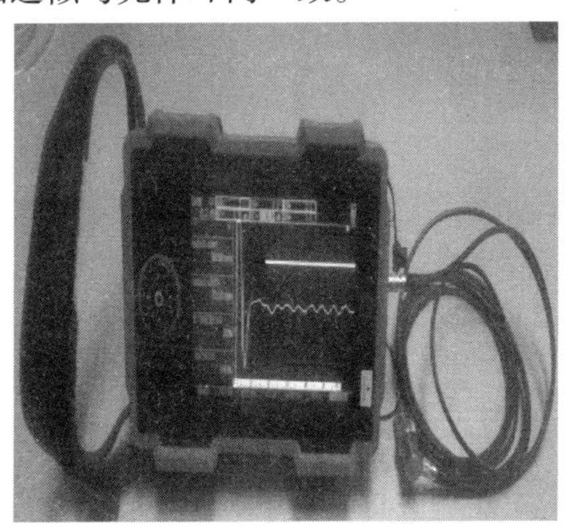

图 5 - 15　便携式超声波 A 扫描检测设备

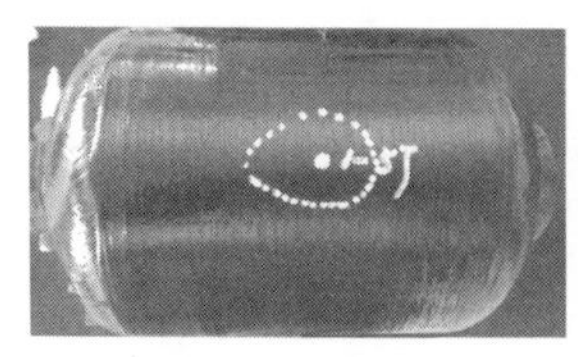
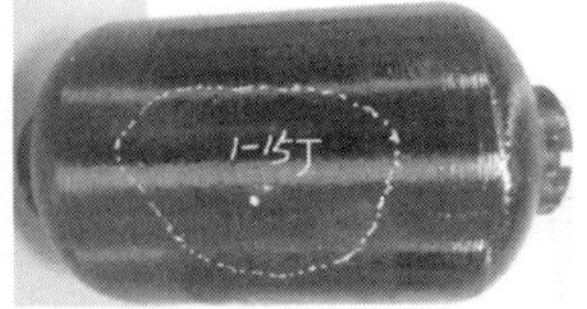

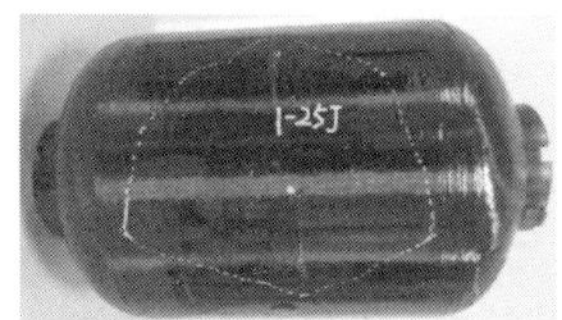

(a) 1#冲击部位

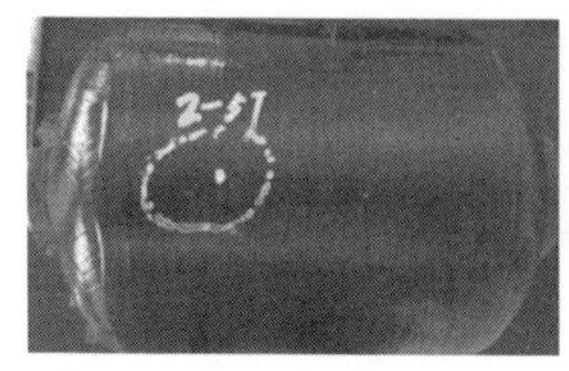

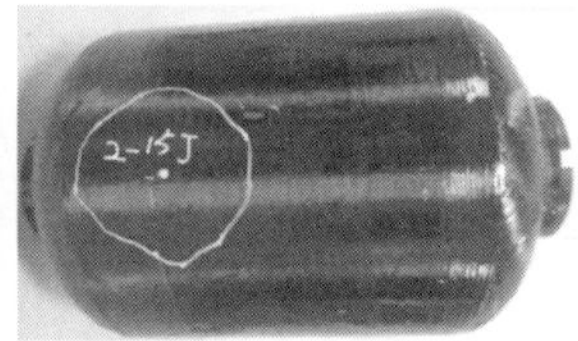

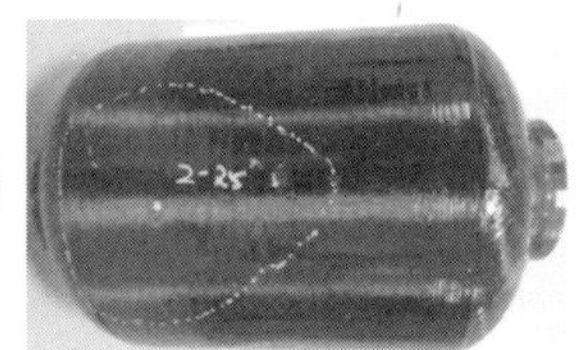

(b) 2#冲击部位

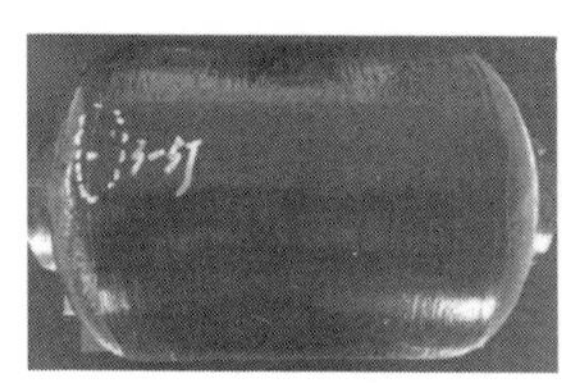
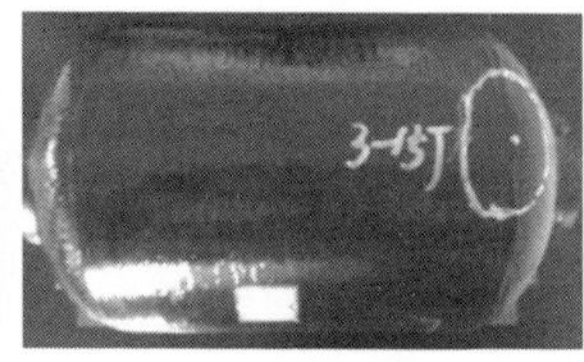

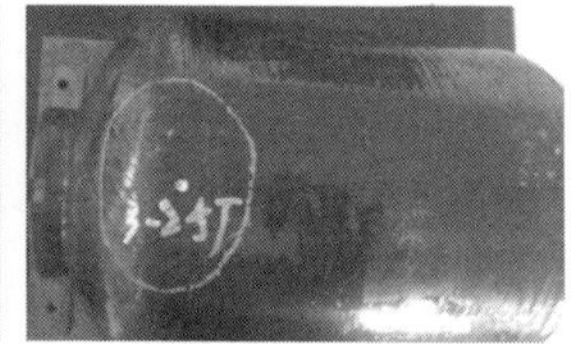

(c) 3#冲击部位

图 5－16　缠绕壳体冲击后超声波 A 扫描检测结果

为统计冲击后缠绕复合材料壳体的损伤面积，将超声波扫描检测到的损伤图形绘制在透明坐标纸上，近似计算壳体内部损伤区域的面积，并与复合材料层合板和缠绕平板的损伤面积进行对比，对比结果如图 5－17 所示。从图中可以看出，同一冲击能量下，复合材料层合板和纤维缠绕平板的损伤面积明显比缠绕复合材料壳体筒段(1#和 2#部位)的损伤面积小。缠绕复合材料壳体不同部位的冲击损伤面积对比表明：相同冲击能量下，在 1#部位冲击时产生的损伤面积最大，2#部位次之，3#部位最小。分析不同冲击损伤面积随冲击能量的变化可知，当冲击能量小于某一值时，冲击损伤面积与冲击能量近似呈线性关系，当冲击能量增加到某一程度时，冲击损伤面积基本保持不变。导致这一现象的主要原因是，当冲击能量较低时，复合材料内部主要出现分层和基体破坏，而当冲击能量高于某一值时，产生的接触力足以导致复合材料产生纤维破坏，纤维破坏的产生吸收了大部分的能量，但是损伤面积却并未增加。

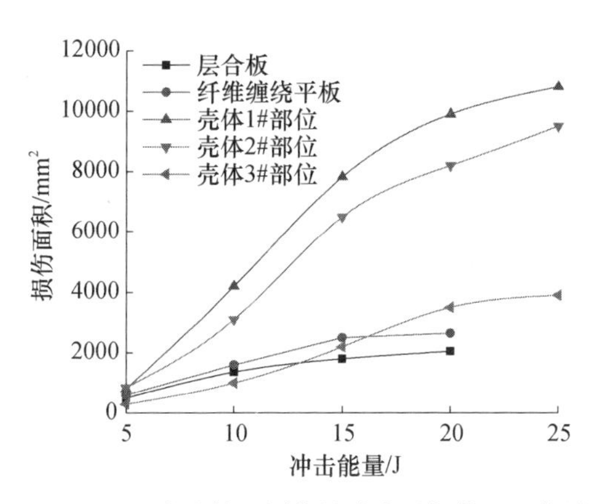

图 5-17　三类试件不同能量冲击后损伤面积统计

3. **射线检测**

由于上述的超声波检测无法检测出低速冲击后缠绕复合材料壳体内部的损伤状态，只能用来近似评估冲击后壳体内部的损伤面积，因此需要采用射线检测方法对壳体内部具体的损伤模式进行分析检测。射线检测包括透视照相法、X 射线荧光屏观测法及计算机断层成像技术（Computed Tomography，CT）等，其工作原理大致相同，都是利用射线通过材料或结构时发生衰减，而射线衰减的程度与材料或结构的厚度、内部结构密切相关，据此即可以判断材料内部的缺陷位置和形状。所有射线检测在中国航天科技集团公司第四研究院（下面简称为“航天四院”）复合材料研究所完成，检测过程中使用面阵 X 射线检测设备和工业 CT 设备分别对缠绕复合材料壳体的轴向截面和环向截面进行检测，如图 5-18 所示。

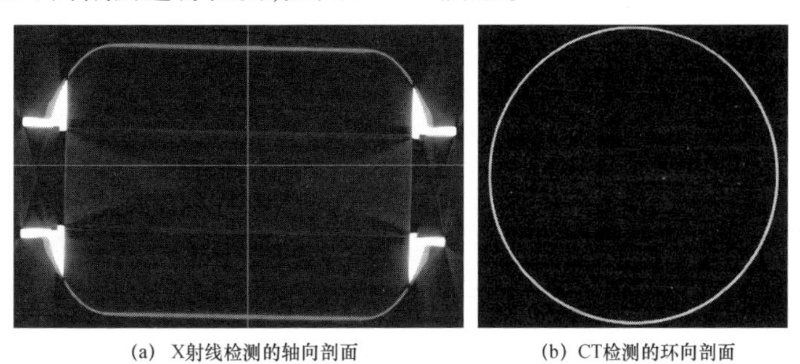

(a) X射线检测的轴向剖面　　(b) CT检测的环向剖面

图 5-18　缠绕复合材料壳体射线检测剖面图

图 5-19 为 25J 和 35J 冲击后缠绕复合材料壳体不同部位的 X 射线检测结果。从图 5-19(a)和图 5-19(c)可以看出，壳体试件筒段(1#和 2#部位)受

到25J冲击后，壳体内部已经出现了纤维断裂，且纤维断裂呈现明显的剪切断裂形貌，分层损伤主要出现在环向层与螺旋缠绕层之间，螺旋缠绕层内部并未观察到明显的分层损伤，且壳体外表面和内表面均未见明显的凹陷或凸起。当冲击能量为35J时，壳体筒段冲击点附近的内部损伤已经变得较为严重，从图5－19(b)中可以看出，此时壳体内部出现了纤维和树脂破碎的圆形区域，其中纤维破坏主要发生在螺旋缠绕层，基体破坏主要发生在环向层，冲击点处壳体内表面有“鼓包”现象。图5－19(d)中壳体2#部位冲击损伤形貌可以发现最外层纤维断裂翘起的现象，同时壳体内部的纤维破坏及分层损伤也十分明显，壳体横截面中部的螺旋缠绕层和环向层损伤最为严重。壳体3#部位的冲击损伤形貌与筒段的损伤形貌有明显区别，25J能量冲击后，X射线检测结果表明壳体的分层损伤主要发生在封头部位，如图5－19(e)所示。由于缠绕复合材料壳体封头不存在环向缠绕层，因此壳体封头部位的分层损伤只发生在不同螺旋缠绕层之间。当冲击能量为35J时，封头赤道圆内侧靠近封头部位出现了较为明显的纤维断裂损伤，如图5－19(f)所示。

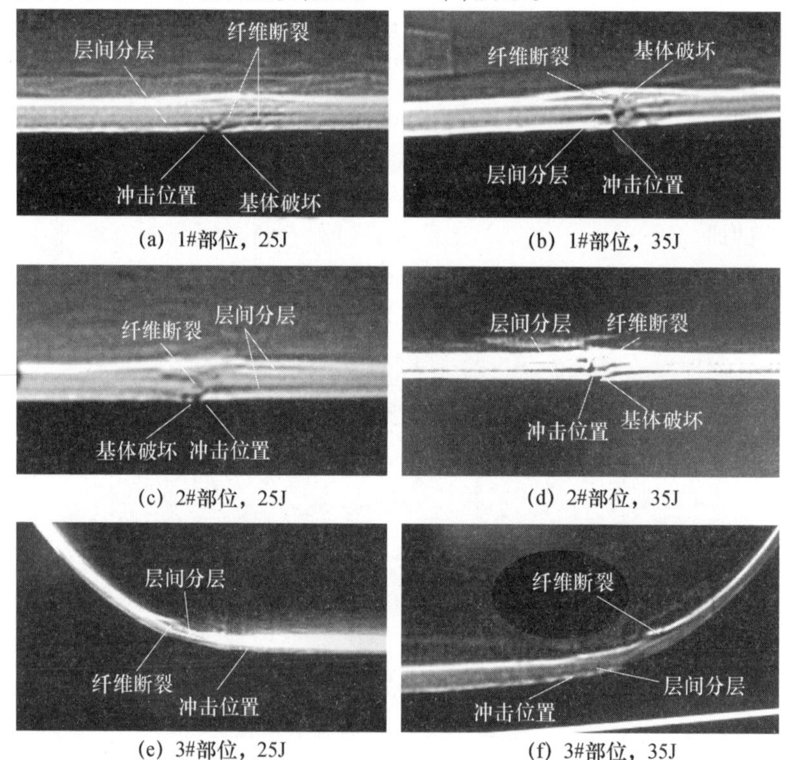

(a) 1#部位，25J　(b) 1#部位，35J

(c) 2#部位，25J　(d) 2#部位，35J

(e) 3#部位，25J　(f) 3#部位，35J

图5－19　壳体不同部位损伤X射线检测结果

利用工业 CT 对 1#部位和 3#部位冲击后的缠绕复合材料壳体进行无损检测,检测结果如图 5－20 所示。由于采用的工业 CT 空间分辨力较低,因此检测效果不如 X 射线检测效果好,此外,工业 CT 只能检测缠绕复合材料壳体筒段部位的损伤,无法判断壳体封头内部的损伤程度。从图 5－20 中可以看出,在壳体冲击位置附近处可以看到较为明显的分层损伤和纤维断裂损伤,由于缠绕角度的原因,图中壳体环向剖面中只能观察环向缠绕层中的纤维断裂损伤。

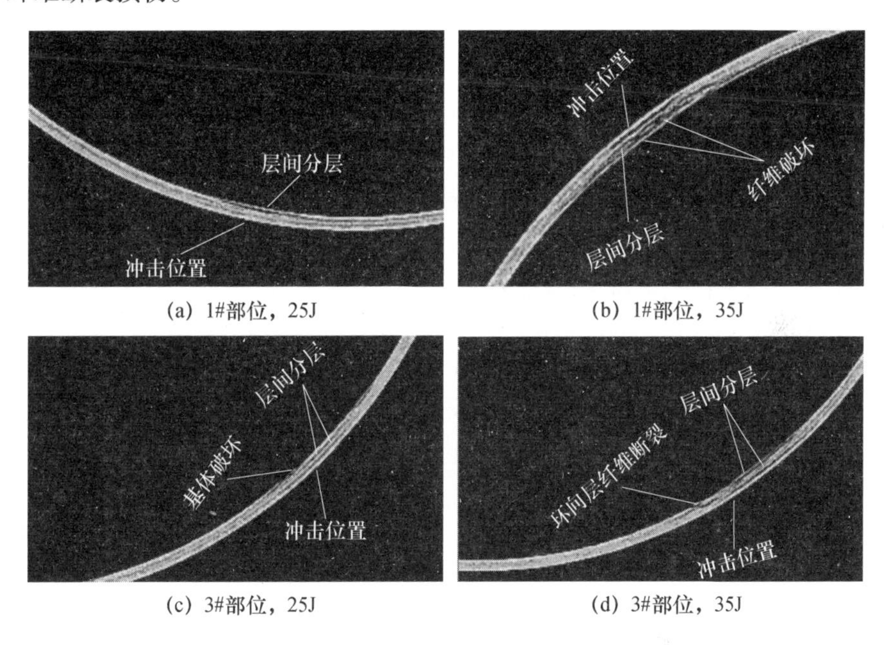

(a) 1#部位，25J　(b) 1#部位，35J

(c) 3#部位，25J　(d) 3#部位，35J

图 5－20　壳体不同部位损伤 CT 检测结果

由 X 射线检测和 CT 检测结果分析可知,低速冲击后壳体内表面的损伤程度远大于壳体外表面,这表明在装备日常使用过程中通过常规的目视检测无法及时发现壳体中的冲击损伤,这种目视不可见损伤对装备的安全使用造成了潜在的威胁,因此,在装备贮存使用过程中必须借助无损检测技术对其进行损伤检测。

5.3.2　破坏性检测

在破坏性检测方面,热揭层技术、光学显微镜及扫描电子显微镜(Scanning Electron Microscopy,SEM)等技术应用较为广泛。热揭层技术首先将结构加热至一定的温度,然后将氯化金溶液注入结构中相应的损伤区域,将结构剖开检测各界面之间的损伤,该方法可以对结构内冲击引起的多种损伤形式进行判别。光学显微镜和扫描电子显微镜等检测方法都是先将冲击后的复合材料试件进行切割,然后针对冲击区域采用光学显微镜或扫描电子显微镜对结构内的损伤形式进行判别,这两种方法可以对结构内的各种损伤模式进行准确定位,并对损伤的扩展方向进行判断。这里采用 JSM - 646LV 型扫描电子显微镜对冲击后的缠绕复合材料壳体内部损伤模式进行判别。

选取冲击点在 1#部位,冲击能量为 25J 的含损伤缠绕复合材料壳体试件,采用水切割设备将试件以冲击点为中心分别沿环向和轴向剖开,用以观察壳体内部的损伤情况,切开后的试件横截面如图 5 - 21 所示。从图中可以明显分辨出缠绕复合材料壳体的环向层和螺旋缠绕层,并可以观察到冲击过程中产生的分层损伤主要位于螺旋缠绕层和环向层的界面处,且在分层损伤附近同样存在基体破坏。

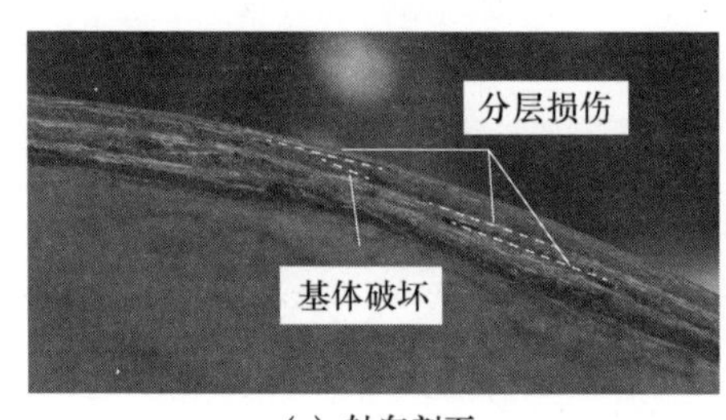

(a) 轴向剖面

环向层
螺旋缠绕层
分层损伤

(b) 环向剖面

图 5 - 21　壳体切割后横截面目视检测结果

结合前面得到的无损检测结果,将试件进一步进行切割,采用扫描电子显微镜对壳体分层损伤、基体开裂及纤维断裂等不同损伤模式的细观形貌及所处位置进行观察,结果如图 5 - 22 所示。由图 5 - 22(a)中可以看出,分层损伤主要出现在螺旋缠绕层与环向层之间的界面处,此外,在螺旋缠绕层内部 ±28°缠绕层之间也观察到了分层损伤,但螺旋缠绕层内部的分层损伤范围较小。如图 5 - 22(b)所示在环向层与螺旋缠绕层内部都发现了基体开裂,从中可以看出基体开裂与分层损伤是同时出现的,由基体开裂的角度可知其主要发生的是剪切破坏。图 5 - 22(c)是冲击能量为 25J 时在壳体 1#部位内部观察到的纤维断裂形貌,纤维断裂位于螺旋缠绕层内部,结合宏观观察结果分析可知,在壳体受到冲击时,冲击位置附近的纤维交叠区域最容易发生纤维断裂损伤。

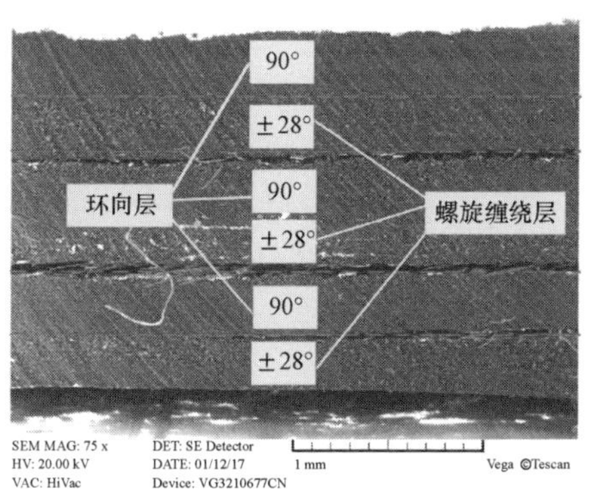

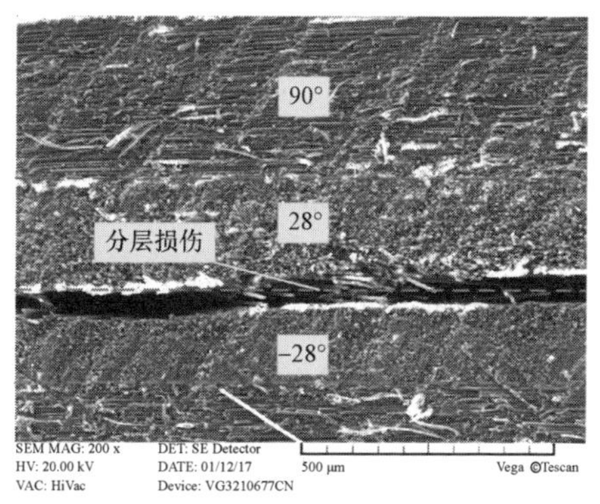

(a) 分层损伤

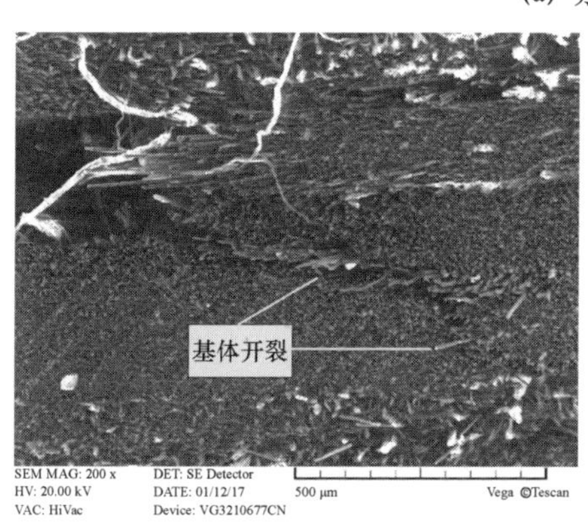

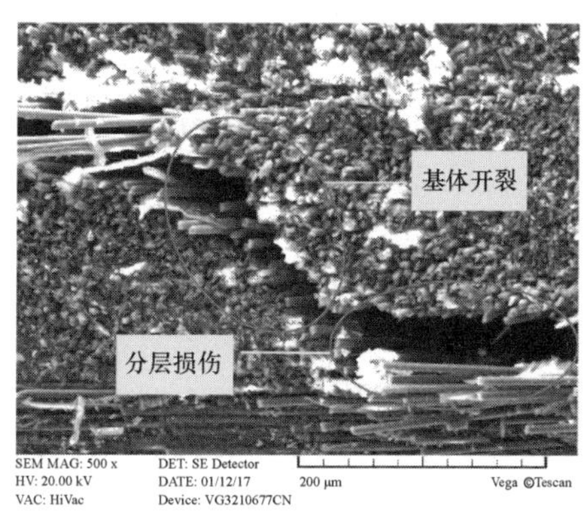

(b) 基体开裂

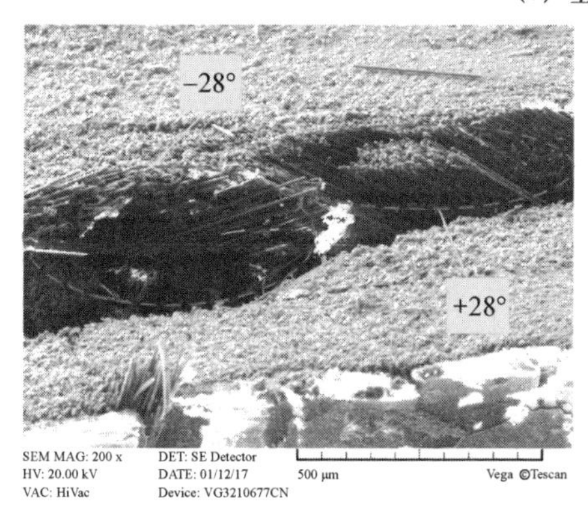

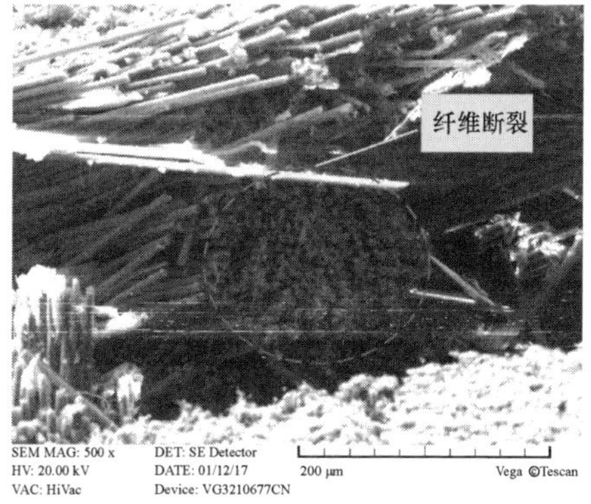

(c) 纤维断裂

图 5－22　壳体不同损伤模式 SEM 检测示意图

第6章

缠绕复合材料壳体低速冲击损伤建模与仿真

由第5章的研究可知，缠绕复合材料壳体的冲击损伤和破坏机理非常复杂，同时影响复合材料壳体冲击响应的参数众多，不仅包括复合材料壳体的结构参数（厚度、缠绕形式、材料属性、铺层顺序等），还与冲击条件（冲击能量、速度、冲头形状尺寸、边界条件）等因素密切相关。若要对不同影响因素逐一开展试验研究耗费巨大，且无法穷尽所有可能，因此建立一种针对缠绕复合材料壳体结构低速冲击问题的数值分析方法十分必要。

本章基于连续介质损伤力学和有限元方法，建立缠绕复合材料壳体低速冲击渐进损伤分析模型。考虑复合材料面内剪切非线性的影响改进三维Hashin准则，用以判断复合材料层内损伤；采用Cohesive单元结合二次应力失效准则模拟复合材料层间分层损伤。将渐进损伤模型通过子程序VUMAT植入ABAQUS/Explicit软件中，对含缺口缠绕复合材料试件拉伸破坏及缠绕复合材料壳体的低速冲击问题进行仿真计算。将仿真结果与试验结果进行对比，验证模型的合理性和有效性。

6.1 低速冲击损伤建模

6.1.1 复合材料损伤本构模型

复合材料在受到外载荷作用时，经常会出现的损伤模式如图6－1所示的损伤，在连续介质损伤力学中，认为材料中的初始细观缺陷（孔洞、微裂纹等），在一定外部载荷作用下会不断扩展合并，最终导致材料宏观力学性能的劣化。

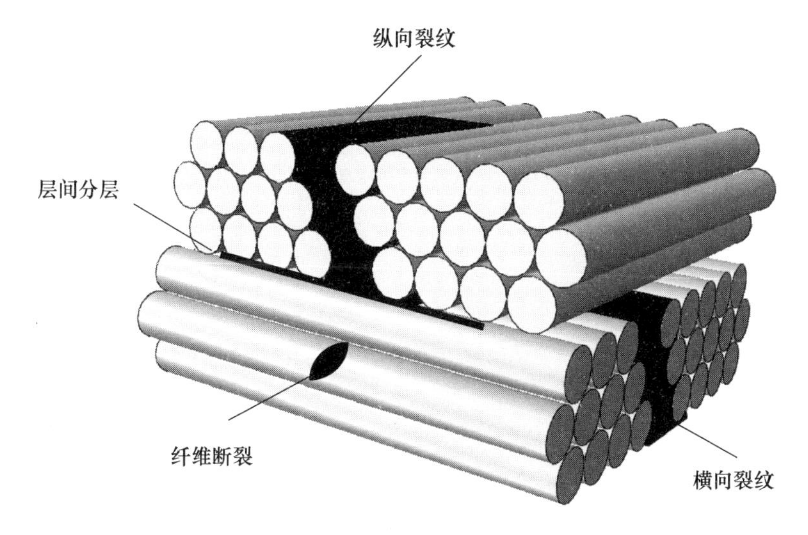

图 6－1　常见损伤模式

连续介质损伤力学中材料互补自由能密度定义如下（不考虑湿热等环境因素的影响）：

$$G=\frac{\sigma_{11}^2}{2(1-\omega_{11})E_{11}}+\frac{\sigma_{22}^2}{2(1-\omega_{22})E_{22}}+\frac{\sigma_{33}^2}{2(1-\omega_{33})E_{33}}-\frac{\nu_{12}}{E_{11}}\sigma_{11}\sigma_{22}-\frac{\nu_{23}}{E_{22}}\sigma_{22}\sigma_{33}-\frac{\nu_{31}}{E_{33}}\sigma_{33}\sigma_{11}+\frac{\sigma_{23}^2}{2(1-\omega_{23})G_{23}}+\frac{\sigma_{13}^2}{2(1-\omega_{13})G_{13}}+\frac{\sigma_{12}^2}{2(1-\omega_{12})G_{12}} \tag{6-1}$$

式中：ω_{ij}代表复合材料各个方向的损伤变量（$i=1,2,3;j=1,2,3$）。

由热力学第二定律中 Clausius－Duhem 不等式知：

$$\left(\frac{\partial G}{\partial \sigma}-\varepsilon\right):\dot{\boldsymbol{\sigma}}+\frac{\partial G}{\partial \boldsymbol{\omega}}\dot{\boldsymbol{\omega}}\geqslant 0 \tag{6-2}$$

因此，应变可以用下式表示：

$$\varepsilon=\frac{\partial \mathrm{G}}{\partial \boldsymbol{\sigma}}=\boldsymbol{H}:\boldsymbol{\sigma} \tag{6-3}$$

式中：$\boldsymbol{H}$ 为柔度矩阵，刚度矩阵 $\boldsymbol{C}=\boldsymbol{H}^{-1}$。损伤力学与弹性力学中的刚度矩阵在形式上是相同的，唯一的区别在于损伤力学中刚度矩阵的参数是随材料损伤程度变化的。含损伤正交各向异性复合材料柔度矩阵为

$$S(d)=\begin{bmatrix} \frac{1}{d_{11}E_{11}^0} & & & & & \\ -\frac{v_{12}}{E_{11}^0} & \frac{1}{d_{22}E_{22}^0} & & \text{对称} & & \\ -\frac{v_{13}}{E_{11}^0} & -\frac{v_{23}}{E_{22}^0} & \frac{1}{d_{33}E_{33}^0} & & & \\ & & & \frac{1}{d_{23}G_{23}^0} & & \\ & & & & \frac{1}{d_{31}G_{31}^0} & \\ & & & & & \frac{1}{d_{12}G_{12}^0} \end{bmatrix} \tag{6-4}$$

式中:d_{ij}表示材料退化系数,与损伤变量 ω_{ij}的关系为 $d_{ij}=(1-\omega_{ij})$,其中 $i=1,2,3$、$j=1,2,3$;弹性模量和剪切模量中的上标“0”表示初始材料性能。

6.1.2 复合材料损伤变量演化规律

在低速冲击仿真过程中,复合材料壳体的损伤演化是通过损伤变量的变化实现的。结合第 4 章中对复合材料强度参数的测试和计算,参照 Hwang 等[232]、Matzenmiller 等[233]的做法,将复合材料强度的分布规律与损伤变量结合起来,一维应力-应变情况下损伤系数 ω 表示如下:

$$\omega=1-\exp\left[-\frac{1}{me}\left(\frac{E^0\varepsilon}{\lambda}\right)^m\right] \tag{6-5}$$

式中:m、λ 分别为韦布尔分布中的形状参数和尺度参数。这样即可得到含损伤的应力-应变关系:

$$\sigma=E^0\exp\left[-\frac{1}{me}\left(\frac{E^0\varepsilon}{\lambda}\right)^m\right]\varepsilon \tag{6-6}$$

然而,采用式(6-6)计算得到的复合材料最大强度值相比实际测试结果偏低。所以用式(6-6)表示复合材料应力-应变关系时,必须对其进行修正,使得最大强度等于试验得到的复合材料平均强度值。因此引入一个关于形状参数的修正函数 $f(m)$,使得式(6-6)变为

$$\sigma=E^0\exp\left[-\frac{f(m)}{me}\left(\frac{E^0\varepsilon}{\lambda}\right)^m\right]\varepsilon \tag{6-7}$$

由应力-应变关系可知,在应力达到最大值时有$\frac{d\sigma}{d\varepsilon}=0$,由此可以得到

最大应力处($\sigma=\sigma_{max}$)的应变值ε'。将ε'代入式(6-7)即可得到最大应力的表达式:

$$\sigma_{max}=\lambda\sqrt[m]{\frac{e}{f(m)}}\exp\left(-\frac{1}{m}\right) \tag{6-8}$$

由数理统计中的相关知识可知,两参数韦布尔分布的期望值即复合材料平均强度可以表示为$\lambda\Gamma(1+1/m)$,其中$\Gamma(\cdot)$为伽马函数。令最大应力等于复合材料平均强度值,则有

$$\sigma_{max}=\lambda\sqrt[m]{\frac{e}{f(m)}}\exp\left(-\frac{1}{m}\right)=\lambda\Gamma(1+1/m) \tag{6-9}$$

通过式(6-9)即可求得修正函数$f(m)=\frac{1}{[\Gamma(1+1/m)]^m}$,损伤变量表示如下:

$$\omega=1-\exp\left\{-\frac{1}{me[\Gamma(1+1/m)]^m}\left(\frac{E^0\varepsilon}{\lambda}\right)^m\right\} \tag{6-10}$$

损伤变量表达式中复合材料韦布尔分布参数可由材料性能测试数据拟合得到,相关参数的获取方式已在前面第4章中进行了详细描述,此处不再赘述。对于三维应力应变情况,可按照上述方式分别计算复合材料纵向和横向的损伤系数。

6.2 失效准则与性能退化

6.2.1 面内剪切非线性失效分析

1. 剪切非线性分析

认为缠绕复合材料1-2、2-3、3-1三个方向的剪切应力-应变关系相同(其中1为材料坐标系中的纤维方向,2和3分别表示与纤维方向垂直的两个方向,下同)。因此,下面仅对1-2方向的剪切应力-应变关系进行分析。图6-2(a)为缠绕复合材料面内剪切测试试验曲线,从中可以看出缠绕复合材料剪切应力-应变呈现出明显的非线性特征。

典型的非线性剪切应力-应变曲线可以如图6-2(b)所示。基于小变形假设和连续损伤介质损伤力学的原理[111-112],应变可以分为弹性应变γ_{12}^{e}和损伤应变γ_{12}^{d}两部分。尽管损伤是一个不可逆的过程,由于损伤导致的变形在卸载过程中仍然会回弹,这样一来,γ_{12}^{d}可以分为弹性损伤应变γ_{12}^{ed}和非弹性损伤

应变 γ_{12}^{in} 两部分(图 6-2(b))。弹性损伤应变是由于部分裂纹在卸载过程闭合造成的,非弹性损伤应变导致最终的永久变形出现,上述理论可表示为

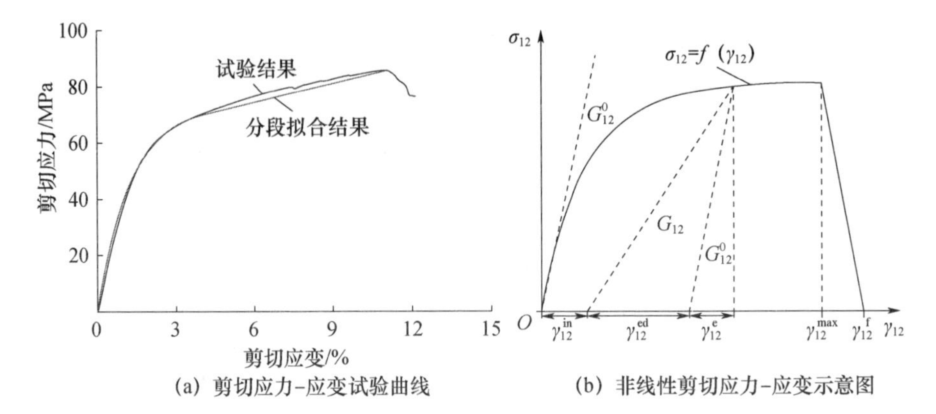

(a) 剪切应力-应变试验曲线　(b) 非线性剪切应力-应变示意图

图 6-2　面内剪切非线性曲线

$$\gamma_{12}=\gamma_{12}^{e}+\gamma_{12}^{d} \tag{6-11}$$

$$\gamma_{12}^{d}=\gamma_{12}^{ed}+\gamma_{12}^{in} \tag{6-12}$$

卸载的过程中总的弹性应变为

$$\gamma_{12}^{E}=\gamma_{12}^{e}+\gamma_{12}^{ed} \tag{6-13}$$

式中:$\gamma_{12}^{e}=\dfrac{\sigma_{12}}{G_{12}^{0}}$;$\gamma_{12}^{ed}=\dfrac{\sigma_{12}\omega_{12}}{G_{12}^{0}(1-\omega_{12})}$。

非弹性损伤应变表示为

$$\gamma_{12}^{in}=\gamma_{12}-\gamma_{12}^{e}-\gamma_{12}^{ed} \tag{6-14}$$

$$\Delta\gamma_{12}^{in}=\Delta\gamma_{12}-\frac{\Delta\sigma_{12}}{G_{12}^{0}}-\frac{\Delta\sigma_{12}d_{12}(1-d_{12})+\sigma_{12}\Delta d_{12}}{G_{12}^{0}(1-d_{12})^{2}} \tag{6-15}$$

下面采用分段函数对面内剪切应力-应变曲线进行拟合,拟合结果如图 6-2(a)所示,分段拟合函数为

当 $0\leqslant\gamma_{12}\leqslant0.04$ 时:

$$\sigma_{12}=A_{1}\times\exp(-\gamma_{12}/t)+A_{0} \tag{6-16}$$

式中:$A_1=-73.8\text{MPa}$;$t=0.0128$;$A_0=73.8\text{MPa}$。

当 $0.04<\gamma_{12}\leqslant0.11$ 时:

$$\sigma_{12}=a+b\gamma_{12} \tag{6-17}$$

式中:$a=60.76\text{MPa}$;$b=225.8\text{MPa}$。

2. 剪切失效准则及损伤演化规律

非线性剪切初始损伤准则采用应变形式表示,初始准则定义在材料表

现出弹性阶段的结尾,此时并未出现损伤:

$$f(\gamma_{12})=\left(\frac{\gamma_{12}}{\gamma_{12}^{0}}\right)^{2}-1\geqslant 0 \tag{6-18}$$

式中:γ_{12}^{0}为剪切应力－应变中的弹性应变极限值,$\gamma_{12}^{0}=S_{12}/G_{12}^{0}$,其中 S_{12}为剪切强度。

当复合材料内部应变状态满足剪切损伤初始条件后,复合材料损伤演化规律可以用剪切应变的函数表示为

$$\omega(\gamma_{12})=\lambda_1(\gamma_{12})+\lambda_2(\gamma_{12})-\lambda_1(\gamma_{12})\lambda_2(\gamma_{12}) \tag{6-19}$$

当 $\gamma_{12}^{0}\leqslant\gamma_{12}\leqslant\gamma_{12}^{\max}$时:

$$\lambda_1(\gamma_{12})=\alpha\gamma_{12},\quad \lambda_2(\gamma_{12})=0 \tag{6-20}$$

当 $\gamma_{12}^{\max}<\gamma_{12}\leqslant\gamma_{12}^{f}$时:

$$\lambda_1(\gamma_{12})=\alpha\gamma_{12}^{\max},\quad \lambda_2(\gamma_{12})=\frac{\gamma_{12}^{f}}{\gamma_{12}^{f}-\gamma_{12}^{\max}}\left(1-\frac{\gamma_{12}^{\max}}{\gamma_{12}^{f}}\right) \tag{6-21}$$

由复合材料剪切试件反复拉伸/卸载试验测试(图 6－3)得到:$\alpha=10.75$。复合材料最终的剪切失效应变 $\gamma_{12}^{\max}$由剪切断裂韧性 G_{f12}^{s}确定。

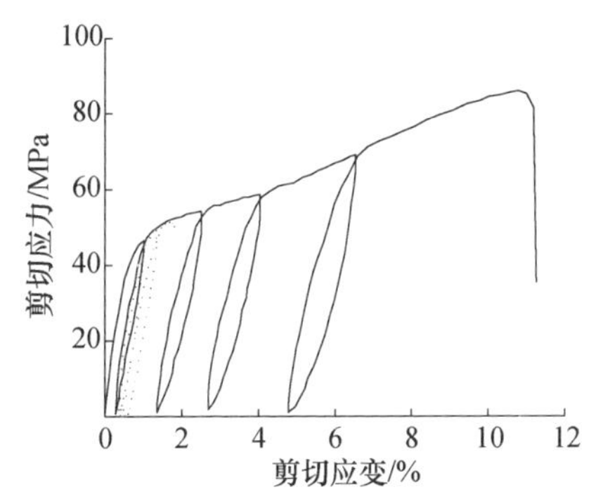

图 6－3　反复拉伸/卸载剪切应力－应变曲线

6.2.2　纤维和基体拉压失效分析

三维 Hashin 准则是常用的复合材料损伤失效判据,它能考虑复合材料层合板中常见的纤维损伤和基体开裂。传统的 Hashin 准则中大都采用应力判据,然而当复合材料内部出现损伤后,损伤区域应力分布发生剧烈变化,此时采用基于应力描述的判据会导致计算结果出现较大误差。但复合材料内部的应变在损伤出现前后变化较为平滑,基于此,将传统 Hashin 准则转换为基于应变的失效准则。同时,结合复合材料非线性剪切模型对原始 Hashin 准则进行

改进，将原始准则中所含剪切项用剪切应变能替代。

根据上述分析，最终得到复合材料纤维和基体的失效准则如式(6－22)～式(6－26)所示，结合复合材料面内剪切失效准则式(6－18)，即形成改进的三维 Hashin 失效准则。

纤维拉伸失效($\sigma_{11} \geqslant 0$)：

$$\left(\frac{E_{11}^{0}\varepsilon_{11}}{X_{\mathrm{T}}}\right)^{2}=e_{\mathrm{f}}^{2}\geqslant 1 \tag{6-22}$$

纤维拉伸失效($\sigma_{11}<0$)：

$$\left(\frac{E_{11}^{0}\mid\varepsilon_{11}\mid}{X_{\mathrm{C}}}\right)^{2}=e_{\mathrm{f}}^{2}\geqslant 1 \tag{6-23}$$

基体拉伸失效($\sigma_{22} \geqslant 0$)：

$$\left(\frac{E_{22}^{0}\varepsilon_{22}}{Y_{\mathrm{T}}}\right)^{2}+\left(\frac{\int_{0}^{\gamma_{12}}\sigma_{12}\mathrm{d}\gamma_{12}}{\int_{0}^{\gamma_{12}^{\mathrm{u}}}\sigma_{12}\mathrm{d}\gamma_{12}}\right)+\left(\frac{\int_{0}^{\gamma_{13}}\sigma_{13}\mathrm{d}\gamma_{13}}{\int_{0}^{\gamma_{13}^{\mathrm{u}}}\sigma_{13}\mathrm{d}\gamma_{13}}\right)+\left(\frac{\int_{0}^{\gamma_{23}}\sigma_{23}\mathrm{d}\gamma_{23}}{\int_{0}^{\gamma_{23}^{\mathrm{u}}}\sigma_{23}\mathrm{d}\gamma_{23}}\right)=e_{\mathrm{m}}^{2}\geqslant 1 \tag{6-24}$$

基体压缩失效($\sigma_{22}<0$)：

$$\frac{E_{22}^{0}\mid\varepsilon_{22}\mid}{Y_{\mathrm{C}}}\left[\left(\frac{Y_{\mathrm{C}}}{2S_{23}}\right)^{2}-1\right]+\left(\frac{E_{22}^{0}\mid\varepsilon_{22}\mid}{2S_{23}}\right)^{2}+\left(\frac{\int_{0}^{\gamma_{12}}\sigma_{12}\mathrm{d}\gamma_{12}}{\int_{0}^{\gamma_{12}^{\mathrm{u}}}\sigma_{12}\mathrm{d}\gamma_{12}}\right)+\left(\frac{\int_{0}^{\gamma_{13}}\sigma_{13}\mathrm{d}\gamma_{13}}{\int_{0}^{\gamma_{13}^{\mathrm{u}}}\sigma_{13}\mathrm{d}\gamma_{13}}\right)+\left(\frac{\int_{0}^{\gamma_{23}}\sigma_{23}\mathrm{d}\gamma_{23}}{\int_{0}^{\gamma_{23}^{\mathrm{u}}}\sigma_{23}\mathrm{d}\gamma_{23}}\right)=e_{\mathrm{m}}^{2}\geqslant 1 \tag{6-25}$$

厚度方向基体压缩失效($\sigma_{33}<0$)：

$$\left(\frac{E_{33}^{0}\mid\varepsilon_{33}\mid}{Y_{\mathrm{C}}}\right)^{2}=e_{\mathrm{m\_th}}^{2}\geqslant 1 \tag{6-26}$$

6.2.3 面内失效退化系数的确定

当复合材料面内应力、应变状态满足上述损伤初始准则后，采用改进 Hashin 失效准则中的损伤因子 e_{f}、e_{m}、$e_{\mathrm{m_th}}$结合损伤变量式(6－10)表示复合材料不同损伤模式下的性能退化系数，得到 d_{ij}的表达式如下：

纤维断裂：
$$d_{11}=\exp\left\{-\frac{1}{m_{\mathrm{f}}e\left[\Gamma\left(1+\frac{1}{m_{\mathrm{f}}}\right)\right]^{m_{\mathrm{f}}}}(e_{\mathrm{f}})^{m_{\mathrm{f}}}\right\} \tag{6-27}$$

基体破坏：　$d_{22} = \exp\left\{ -\frac{1}{m_{\mathrm{m}} e \left[\Gamma\left(1 + \frac{1}{m_{\mathrm{m}}}\right) \right]^{m_{\mathrm{m}}}} (e_{\mathrm{m}})^{m_{\mathrm{m}}} \right\}$　(6 - 28)

厚度方向基体失效($\sigma_{33} < 0$)：$d_{33} = \exp\left\{ -\frac{1}{m_{\mathrm{m}} e \left[\Gamma\left(1 + \frac{1}{m_{\mathrm{m}}}\right) \right]^{m_{\mathrm{m}}}} (e_{\mathrm{th}})^{m_{\mathrm{m}}} \right\}$　(6 - 29)

式中：m_{f}、m_{m} 分别为复合材料纵向(纤维方向)强度、复合材料横向(垂直于纤维方向)强度韦布尔分布中的形状参数。纤维增强复合材料中纤维承载了结构中的大部分载荷，当纤维破坏后，纤维周围的基体材料也会失效。因此，认为纤维损伤影响基体和剪切损伤，并假设复合材料损伤是一个不可逆的过程。

结合上述分析，计算过程中退化系数取当前步和前一步退化系数的最小值，同时考虑纤维损伤的主导作用，最终确定不同损伤模式下退化系数的表达式如下：

$$d_{11}^{n+1} = \min\{d_{11}^{n+1}, d_{11}^{n}\} \tag{6-30}$$

$$d_{22}^{n+1} = \min\{d_{22}^{n+1}, d_{22}^{n}, d_{11}^{n+1}\} \tag{6-31}$$

$$d_{33}^{n+1} = \min\{d_{33}^{n+1}, d_{33}^{n}, d_{11}^{n+1}\} \tag{6-32}$$

$$d_{12}^{n+1} = \min\{d_{12}^{n+1}, d_{12}^{n}, d_{11}^{n+1}\} \tag{6-33}$$

$$d_{13}^{n+1} = \min\{d_{13}^{n+1}, d_{13}^{n}, d_{11}^{n+1}\} \tag{6-34}$$

$$d_{23}^{n+1} = \min\{d_{23}^{n+1}, d_{23}^{n}, d_{11}^{n+1}\} \tag{6-35}$$

上述讨论的只是纤维复合材料面内损伤失效准则及相应的损伤演化规律，当面内损伤扩展到层间时，则会引起复合材料的层间分层损伤。用 Cohesive 界面单元对纤维复合材料的层间分层损伤进行模拟，关于复合材料层间分层损伤的失效准则及损伤演化规律已在第 4 章中进行了较为详细的分析，此处不再赘述。

6.3　数值仿真核心算法及复合材料渐进损伤分析流程

6.3.1　损伤演化与仿真流程

缠绕复合材料壳体低速冲击损伤模拟分析非常复杂，难以用解析方法准确获得其动态响应，而显式有限元方法以其适应性强、求解精度高、收敛性好等特点，成为处理这一问题的重要方法。ABAQUS/Explicit 软件作为众多显式有限元软件中的一种，其二次开发接口较为丰富，便于进行建模、本构和后处理的自定义程序设计，在复合材料冲击分析中应用十分广泛，因此选用这一软件进行低速冲击作用下缠绕复合材料的渐进损伤分析。下面对ABAQUS/Explicit 软件中的核心算法及复合材料失效分析流程进行简要分析。

6.3.2 接触算法

有限元冲击动力学仿真过程中，冲头与冲击物的接触在时间上是不连续的，即在冲头与冲击物接触时产生约束，冲头与冲击物分离时，约束消失。在复合材料冲击问题中常用的接触力计算公式为[234]

加载时：
$$f = ka^{3/2} \tag{6-36}$$

卸载时：
$$f = f_m \left(\frac{a - a_m}{a_m - a_0}\right)^{5/2} \tag{6-37}$$

式中：a 为复合材料层合板上的压痕深度；a_m 为达到最大接触力 f_m 时，层合板上的压痕深度；a_0 和 k 为相关系数，由结构和材料特性给出。

然而，上述接触模型本质上仍是静力学模型，且式（6－36）和式（6－37）中的参数需要通过专门试验进行测试，在应用时很不方便。因此，采用ABAQUS/Explicit 软件中提供的动态接触模型解决复合材料低速冲击过程中的接触问题。

ABAQUS/Explicit 软件中动态接触模型包含接触跟踪搜索和施加约束两个方面。接触跟踪搜索的目的是为了确定接触对上单元或节点的接触状态。接触跟踪搜索分为两个部分：全局搜索和局部搜索。全局搜索需要对可能发生的接触节点进行全部搜索，因此搜索过程十分耗时。而局部搜索中，只需要搜索与从节点对应追踪节点所在的面，以确定最近的接触面和接触距离。在显式算法中每一个增量步的时间都很短，因此相互接触的物体在该增量步内的位移很小，所以采用局部搜索方法更加适用解决显式分析中的接触状态追踪问题。

在冲击过程中，冲头与复合材料之间、复合材料层与层之间存在摩擦力的作用，因此还需要定义接触过程中的摩擦系数。一般而言，摩擦系数与冲头的材料性能和被冲击物表面的质量有关。现有的研究中，关于复合材料表面和不同冲击物之间的摩擦系数有如下结论：复合材料层与层之间的摩擦系数与纤维铺设角度差值密切相关，复合材料层与层之间的摩擦系数及金属冲头与复合材料表面之间的摩擦系数均取0.3[235]。

6.3.3 复合材料渐进损伤分析流程

将前面所建立的复合材料渐进损伤本构模型及改进 Hashin 失效准则通过 Fortran 语言编写成可供 ABAQUS/Explicit 软件调用的 VUMAT(Vectorized User Defined Material)子程序。在采用 ABAQUS/Explicit 软件进行有限元分析时,通过调用 VUMAT 子程序就可以实现材料应力、应变的更新及损伤状态的判断[221]。

本章进行的低速冲击作用下缠绕复合材料壳体渐进损伤分析流程如图 6-4 所示。首先,建立缠绕复合材料壳体低速冲击有限元模型,对模型中的壳体及冲头施加相应的约束条件,并根据所要计算的冲击能量,赋予冲头初始速度。然后,采用 ABAQUS/Explicit 软件求解器结合材料子程序 VUMAT 计算缠绕复合材料壳体有限元模型中的应力、应变场及接触状态。其次,根据改进的三维 Hashin 准则对有限元模型中的失效模式进行判断,根据相应的失效模式对材料性能进行退化;退化之后,重新计算有限元模型的应力、应变场,若又有新的区域出现损伤,则对该区域进行材料性能退化,并再次进行应力、应变分析,直至模型中没有新的损伤出现。最后,判断加载是否完成,如果没有则继续进行下一个载荷步的分析,如此循环直至整个计算过程结束。

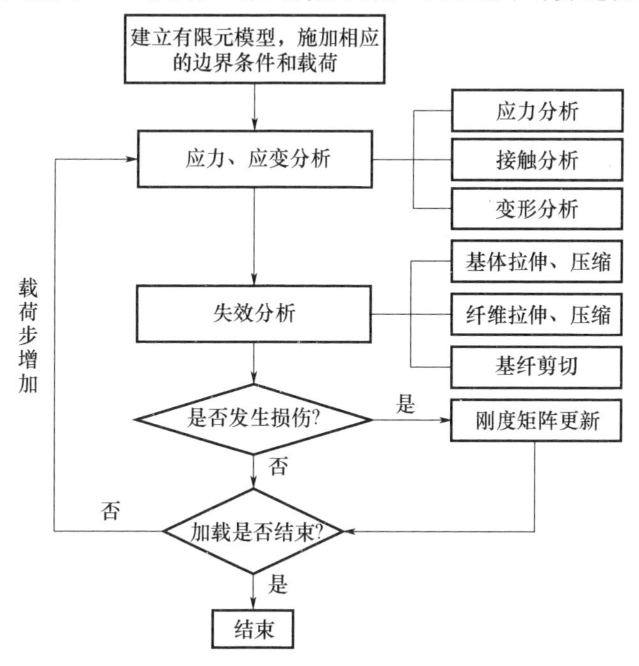

图 6-4　缠绕复合材料壳体渐进损伤分析流程图

6.3.4 应变局部化问题及解决

在仿真过程中,当复合材料受到的应力或应变状态满足初始损伤准则条件后,材料内部开始出现损伤,依照前述的损伤出现后的刚度退化准则,发生损伤部位的材料刚度开始逐渐下降,此时若继续对其加载,就会出现应变软化情况,即随着应力的增大,应变增长的速率加快的现象。随着加载的继续,发生损伤部位的材料应变会不断增大,这称为应变局部化问题。应变局部化问题的出现导致有限元计算结果与网格尺寸密切相关,网格尺寸越大,计算得到的断裂能释放率越大,网格尺寸越小,计算得到的断裂能释放率越小,这与实际情况明显不符。

为了解决应变局部化问题,Bazant[236]提出了弥散裂纹方法(Smeared Crack Approach),该方法中将材料断裂部位模拟为一个平行分布的弥散裂纹带,同时材料的极限应变 ε_f 也不再保持一个常数,而是与单元特征长度的 l^* 密切相关。弥散裂纹方法的原理如图 6-5 所示,其实质就是对能量释放率进行正则化,其中应力-应变曲线围成的面积称为材料断裂比能:

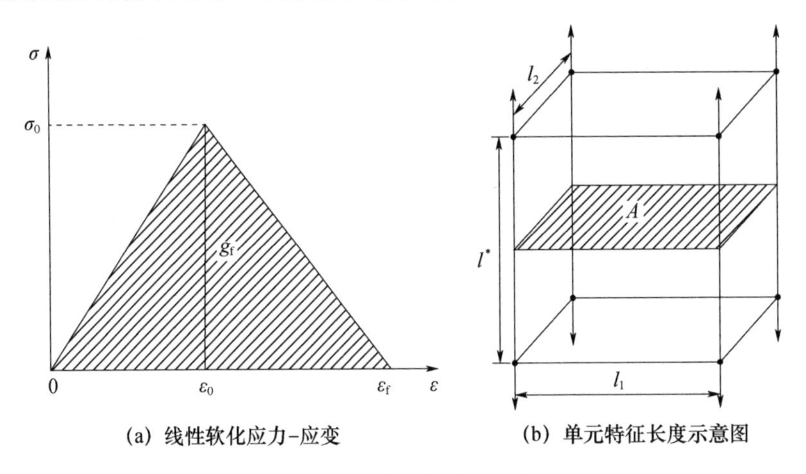

(a) 线性软化应力-应变　　(b) 单元特征长度示意图

图 6-5 弥散裂纹原理示意图

$$g_f = \int_0^{\varepsilon_f} \sigma d\varepsilon = \frac{1}{2}\sigma_0 \varepsilon_f \tag{6-38}$$

当一个单元完全失效时,其断裂能量定义为 $G_f = g_f l^*$,为保证材料的稳定性需要满足 $l^* < \frac{G_f}{g_f}$。极限应变 ε_f 可以表示为

$$\varepsilon_{\mathrm{f}}=\frac{2G_{\mathrm{C}}}{\sigma_0 l^*} \tag{6-39}$$

式中:G_{C} 为材料的断裂韧性;σ_0 为材料的强度值。

上述该方法简便可行,但使用时必须要确定单元特征长度,在 ABAQUS 软件中的特征单元的默认值为:一阶壳体单元特征长度为面积的平方根,一阶实体单元的特征长度为体积的立方根,二阶实体单元的特征长度为体积立方根的 1/2。对于复合材料实体单元,当其厚度方向的边长较小,直接采用 ABAQUS 软件默认方法计算的单元特征长度进行面内损伤仿真分析时,计算结果会存在较大误差。为解决该问题,应首先判断裂纹的扩展方向, Lapczyk 等[237-238]定义实体单元中的 $l^*=\frac{\sqrt{A}}{\cos\theta}$,其中 A 为积分点处的单元面积,θ 为单元边线与裂纹扩展方向之间的夹角($|\theta|\leqslant 45$),并采用该方法对复合材料低速冲击问题进行了模拟取得了较好的效果。

参照 Lapczyk 等的方法,认为复合材料内部的裂纹是沿单元边线扩展的,因此单元特征长度在数值上等于与断裂面垂直的单元边长,如图 6-5(b)所示。确定单元特征长度后,可以根据复合材料不同损伤模式下的断裂韧性,确定其最终失效应变 ε_{f},该应变确定后,结合考虑韦布尔分布的渐进损伤退化准则,可以得出损伤演化方案如下:

$$\text{当 } \varepsilon<\varepsilon_0 \text{ 时:}\quad d=\exp\left\{-\frac{1}{me\left[\Gamma(1+1/m)\right]^m}\left(\frac{E^0\varepsilon}{\lambda}\right)^m\right\} \tag{6-40}$$

$$\text{当 } \varepsilon_0\leqslant\varepsilon<\varepsilon_{\mathrm{f}} \text{ 时:}\quad d=\left[1-\frac{\varepsilon_{\mathrm{f}}}{\varepsilon_{\mathrm{f}}-\varepsilon_0}\left(1-\frac{\varepsilon_0}{\varepsilon}\right)\right]d_0 \tag{6-41}$$

6.4　含缺口缠绕复合材料模拟算例与试验验证

6.4.1　含缺口缠绕复合材料拉伸试验

1. 试件制作方法

含缺口试件经常用在航空结构中,尽管在航天中此类结构较少使用,但之所以选择含缺口试件进行测试,主要是该类型试件受载时,在缺口部位存在较大的应力梯度和复杂的损伤形式,可以用来对比验证前面说到的损伤模型的正确性。

采用先缠绕成形,后展开成平板的方法制作缠绕复合材料含缺口拉伸试件。试件制作过程中使用的材料为 T700 碳纤维和环氧树脂基体,与缠绕复合材料壳体所用的材料一致,最终得到 150mm × 250mm 的复合材料平板,如图 6 - 6(a)所示,缠绕复合材料平板的缠绕角度为 ± 45°,平均厚度为 2.0mm。

缠绕复合材料平板制成后,采用水切割方法制成 250mm × 25mm × 2mm 的含缺口试件,缺口形状为直径为 15mm 的半圆形,如图 6 - 6(b)所示。为防止拉伸过程中试件端部破坏,试件两端采用环氧树脂粘贴铝制加强片,加强片长度为 50mm。

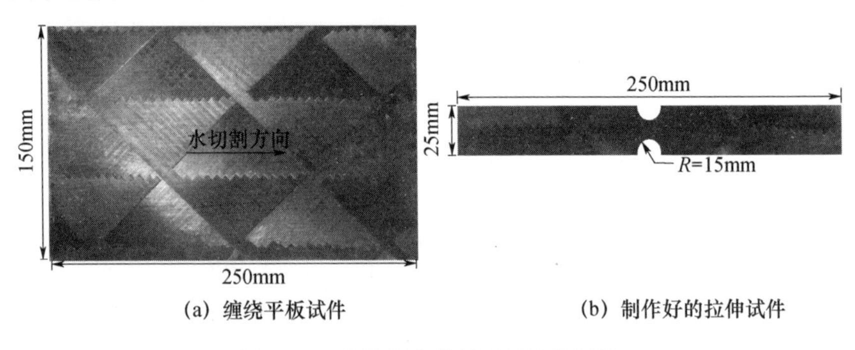

(a) 缠绕平板试件 (b) 制作好的拉伸试件

图 6 - 6 缠绕复合材料平板试件制作

2. 试验设备及控制方式

准静态拉伸试验在 CMT 万能材料试验机上进行,如图 6 - 7 所示。试验过程中采用数字图像相关(DIC)技术测试材料表面的位移场。试验过程中采用的拉伸速率为 1mm/min。测试系统中采用的图像传感器是 DHHV1303UM CMOS 摄像机,镜头为 Computar MLM - 3XMP 变焦镜头。通过软件 ARAMIS 对采集到的图像进行后处理,最终得到试件表面的位移场和应变场。由 DIC 试验得到的位移场和应变场可以直接与后续有限元仿真结果进行比较。

(a) 试验现场图 (b) 表面喷漆后的试件

图 6 - 7 含缺口试件拉伸试验

6.4.2 含缺口缠绕复合材料有限元模型

在ABAQUS软件中建立相应的有限元模型,模型尺寸与试验中试件尺寸一致,与普通层合板不同的是,缠绕拉伸试件的每一个层上面既有45°铺层同时也有-45°铺层,如图6-8(a)所示。计算时不考虑试件厚度方向的损伤情况,采用C3D8R实体单元进行网格划分,在缺口区域进行网格加密,加强片区域(25mm×50mm)网格密度适当减小,如图6-8(b)所示,其中红色区域的铺层顺序为[±45°]$_6$,灰色区域的铺层顺序为[∓45°]$_6$。为了保证计算过程的收敛性,选用显式有限元算法,将6.3节中的改进Hashin准则通过用户子程序VUMAT嵌入ABAQUS/Explicit软件中进行计算。模型一端加强片区域内施加位移载荷,另外一端加强片区域内施加固支约束,从而实现试件轴向拉伸的仿真计算。

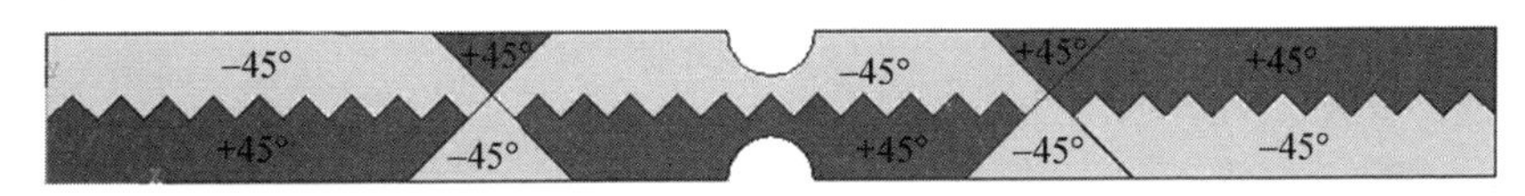

(a) 缠绕拉伸试件表面铺层顺序

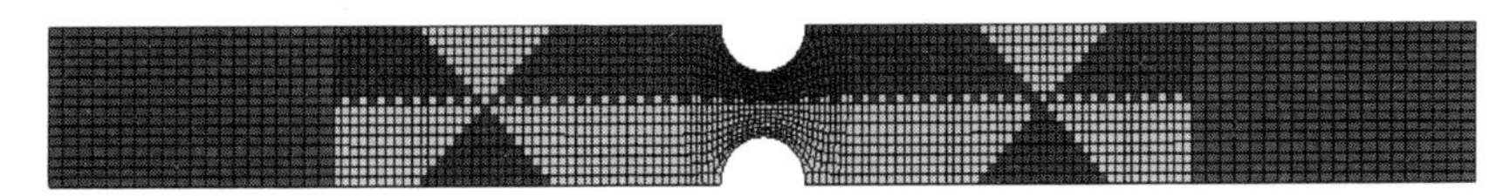

(b) 拉伸试件网格划分

图6-8 含缺口试件有限元模型

6.4.3 复合材料基本力学性能参数

缠绕复合材料有限元仿真中需要大量的材料性能参数,这些材料参数一部分是通过试验测试得到的,一部分是从相关文献中查询得到的。复合材料基本的弹性性能和强度性能参数均是由试验测试得到的,如表6-1和表6-2所列。

表6-1 T700/Epoxy基本弹性性能参数

E_{11}	$E_{22}=E_{33}$	$G_{12}=G_{13}$	G_{23}	$v_{12}=v_{13}$	v_{23}
134.6GPa	7.6GPa	3.7GPa	3.2GPa	0.3	0.35

表 6 - 2　T700/Epoxy 强度性能参数

韦布尔分布参数	X_T	X_C	Y_T	Y_C	$S_{12}=S_{13}=S_{23}$
尺度参数 λ	2807MPa	951MPa	38MPa	138MPa	取均值 83MPa
形状参数 m	29	15	22	11	

复合材料层内的断裂性能参数可以通过紧凑拉伸/压缩试件、双边缺口试件和四点弯曲试件测试得出，仿真中使用的相关数据来源于文献[239]，如表 6 - 3 所列，其中：$G_{f_{11}}^{t}$ 为复合材料纵向拉伸断裂韧性；$G_{f_{11}}^{c}$ 为复合材料纵向压缩断裂韧性；$G_{f_{22}}^{t}$ 为复合材料横向拉伸断裂韧性；$G_{f_{22}}^{c}$ 为复合材料横向压缩断裂韧性；$G_{f_{12}}^{s}$、$G_{f_{13}}^{s}$、$G_{f_{23}}^{s}$ 为复合材料剪切断裂韧性。这里，复合材料层间分层模拟中界面层的相关性能参数来源于文献[235]，如表 6 - 4 所列，其中 E_1 为界面层法向模量，E_2、E_3 为界面层剪切方向的模量。

表 6 - 3　T700/Epoxy 复合材料层内断裂韧性

$G_{f_{11}}^{t}$	$G_{f_{11}}^{c}$	$G_{f_{22}}^{t}$	$G_{f_{22}}^{c}$	$G_{f_{12}}^{s}=G_{f_{13}}^{s}=G_{f_{23}}^{s}$
$133kJ/m^2$	$10kJ/m^2$	$0.5kJ/m^2$	$1.6kJ/m^2$	$1.6kJ/m^2$

表 6 - 4　复合材料界面层性能参数

E_1	$E_2=E_3$	N	$S=T$	G_{IC}	$G_{\mathrm{IIC}}=G_{\mathrm{IIIC}}$
7.6GPa	4.7GPa	32.4MPa	58.6MPa	$0.425kJ/m^2$	$1.03kJ/m^2$

6.4.4　仿真与试验结果对比分析

试件轴向拉伸过程中载荷 - 位移曲线的试验和仿真结果如图 6 - 9 所示，从中可以看出仿真曲线与试验曲线具有较好的一致性。试验中得到的试件最终破坏载荷为 5200N，仿真结果为 5500N，仿真结果与试验结果相差不大。仿真过程中为了避免网格尺寸带来的应变局部化问题，认为最大应力出现后材料刚度呈线性退化，这导致仿真得出的载荷 - 位移曲线的下降部分为斜直线，与试验得到的曲线略有差异，但这对模型整体的计算结果影响不大。

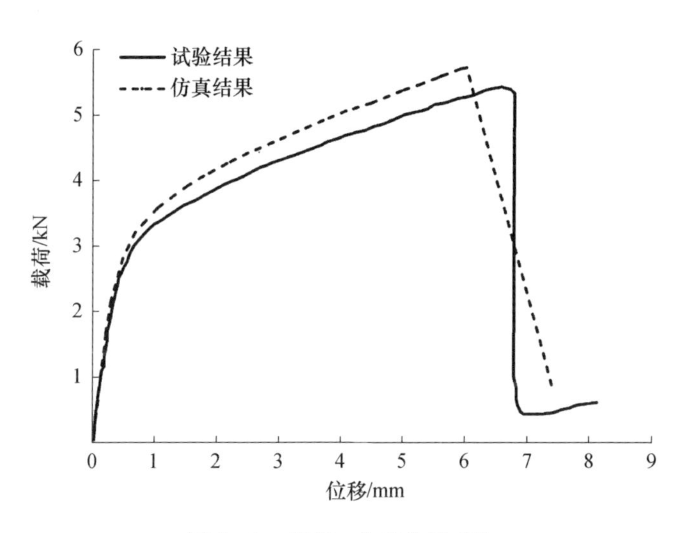

图6-9　载荷-位移曲线对比

DIC试验不仅可以获得含缺口缠绕复合材料试件拉伸过程中宏观载荷-位移曲线,还可以记录拉伸过程中试件表面应变场的变化过程。拉伸载荷为3kN时试件轴向应变场分布情况如图6-10所示,从图6-10(b)中可以看出,仿真得到的应变场无论是在缺口四个边角处的负应变区域(图中蓝色区域)还是在试件两端近似圆形的中间应变区域(图中黄色区域)及缺口处的应变集中区域(图中红色区域)均与图6-10(a)所示的DIC测试结果吻合较好。此外,从图6-10中可以明显看出,试件中心出现了一个未变形的近似圆形区域,该区域的形成与试件中的纤维交叠结构密切相关。

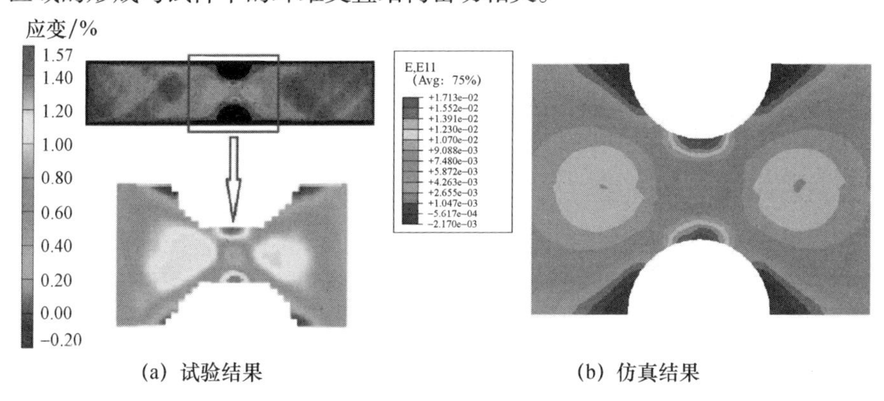

(a) 试验结果　　　　(b) 仿真结果

图6-10　载荷达到3kN时的轴向应变场对比

试验结束后试件缺口部位的断裂形貌如图 6－11(a)所示,从中可以看出,试件表面的裂纹与试件纵轴成 45°角,表层纤维发生滑移,与纤维垂直的方向发生基体破坏,缺口中心部位基本保持完整。采用仿真模型预测的基体拉伸破坏损伤形貌如图 6－11(b)所示,图中红色区域代表已经出现基体破坏的区域。基体破坏区域与图 6－10 中的最大应变分布区域基本一致,在缺口处损伤达到最大值,试件中心近似圆形的区域损伤程度较低,这与试验结果较为吻合。通过上述对比表明,所建立的模型是准确可靠的,适用于进行缠绕复合材料的渐进损伤分析。

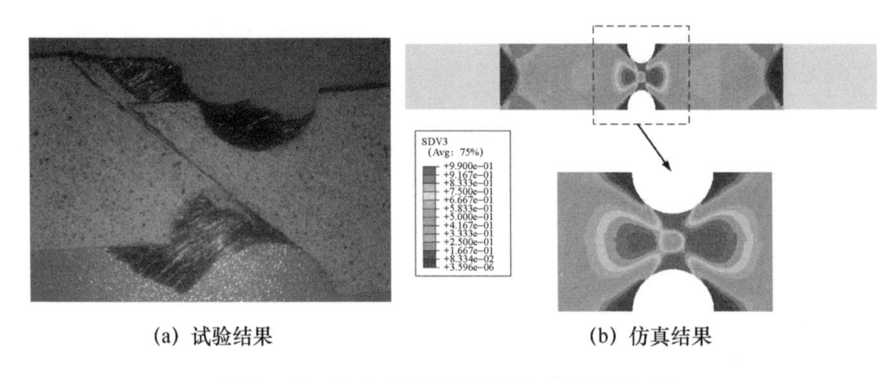

(a) 试验结果　　(b) 仿真结果

图 6－11　拉伸破坏形貌试验和仿真结果对比

6.5 缠绕复合材料壳体低速冲击仿真及结果分析

6.5.1 缠绕复合材料壳体低速冲击有限元模型

1. 有限元模型及网格划分

按照第 5 章冲击试验中使用的缩比复合材料壳体尺寸,建立相应的复合材料壳体全尺寸有限元模型。下面对缠绕复合材料壳体 1#部位冲击时的有限元模型建模方法进行介绍,如图 6－12 所示。

图 6－12 中缠绕复合材料壳体筒段厚度方向的网格数量设置为 20 个(12 个实体单元,8 个 Cohesive 单元),复合材料壳体面内网格数量通过网格收敛性测试确定。复合材料壳体有限元模型中包含 C3D8R 实体单元和 COH3D8 界面单元两种;冲头和金属接头均认为是刚体,单元类型为 R3D4。

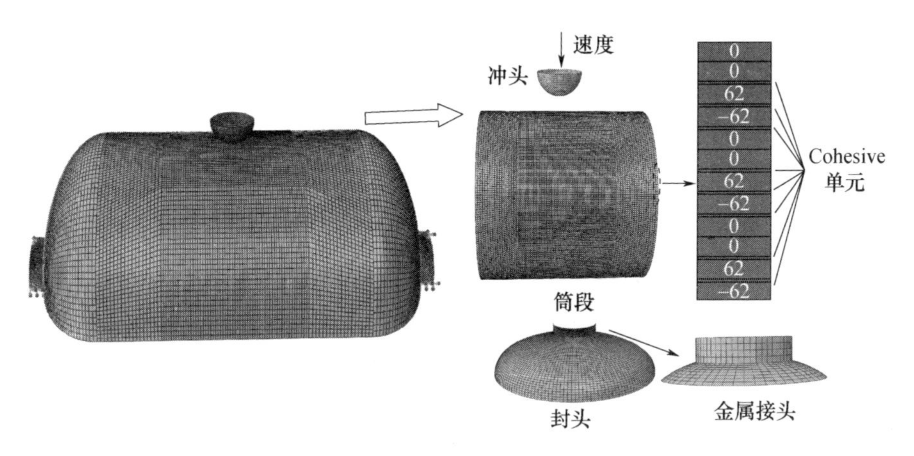

图6－12　壳体1#部位低速冲击有限元模型

为确定复合材料壳体模型的网格数量，采用弹性本构模型对不同网格数量下的复合材料壳体开展低速冲击仿真计算，冲击能量为5J。计算过程中冲头正下方80mm×80mm区域的网格数量在50×50～80×80的范围之间变化，不同网格数量计算得到的最大冲击力和最大中心位移如图6－13所示。从中可以看出当冲头正下方区域的网格数量为80×80时，计算结果已经趋于收敛，因此，在后续计算过程中该区域单元尺寸设置为1mm×1mm。

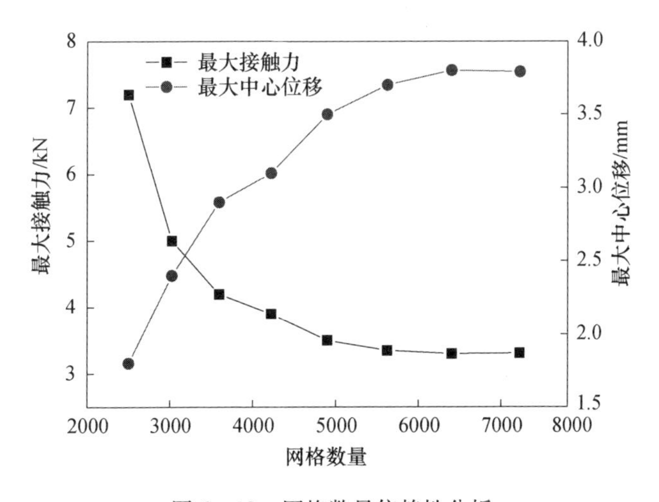

图6－13　网格数量依赖性分析

缠绕复合材料壳体2#和3#部位冲击时的有限元模型如图6-14所示，建模过程不再赘述。

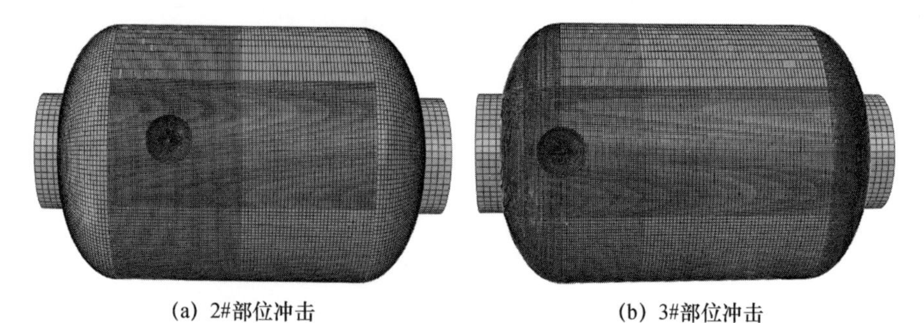

(a) 2#部位冲击　　(b) 3#部位冲击

图6-14　2#和3#部位冲击时的有限元模型

2. **壳体封头部分的建模方法**

实际结构中，缠绕壳体封头部位的缠绕角度和厚度是随纬度圆半径而连续变化的，在有限元中实现连续变化的角度十分困难，因此在有限元建模时，必须要对其进行离散化。测地线缠绕封头上不同位置的缠绕角度计算公式为

$$\sin\theta_x = \frac{R_0}{R_x}$$

式中：θ_x 为封头不同位置处的缠绕角度；R_0 为封头极孔半径；R_x 为封头不同位置处的平行圆半径。由上式可知，当 $R_x = R_0$ 时，纤维与极孔相切，$\theta_x = 90°$，随着 R_x 的增大，θ_x 逐渐变小，在封头赤道圆处等于筒段缠绕角。为有效兼顾计算效率和计算精度，最终确定将封头分为8个区域，根据不同区域的中心坐标分别赋予相应缠绕角度，如图6-15(a)所示。壳体封头部位有限元模型如图6-15(b)所示，壳体封头处厚度值连续变化[240]，沿壳体厚度方向共划分成11个单元，包括6个C3D8R实体单元和5个COH3D8界面单元。

3. **边界条件及接触方式**

为模拟试验过程中的实际边界条件，在壳体两个端部边界处的节点施加固支约束，对冲头施加初始速度和约束，保证其沿给定方向运动。仿真过程中，采用ABAQUS/Explicit软件中的通用接触算法解决冲头与复合材料壳体及复合材料内部层与层之间的接触问题。复合材料层与层之间的摩擦系数及金属冲头与复合材料表面之间的摩擦系数均取值为0.3[235]。

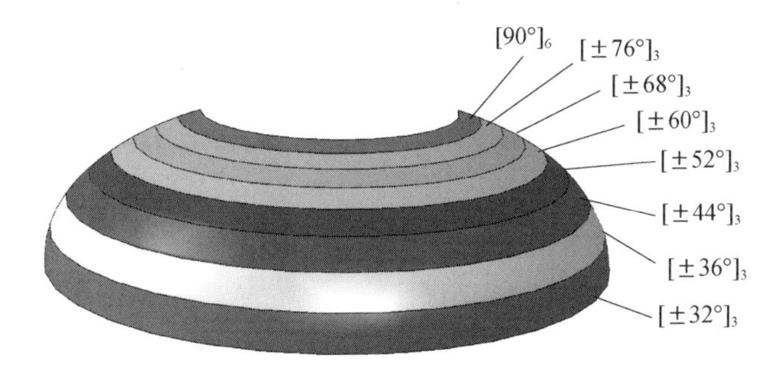

(a) 封头处角度离散化示意图

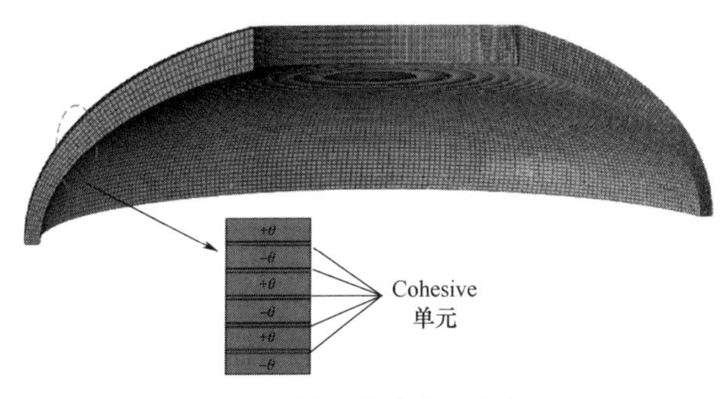

(b) 封头处网格化分示意图

图6-15 封头部位有限元模型

6.5.2 缠绕复合材料壳体低速冲击仿真结果

采用上面建立的复合材料壳体有限元模型结合 VUMAT 子程序对复合材料壳体三个部位下的冲击过程进行了仿真,下面将仿真得到的结果与试验结果进行对比分析。

1. **冲击响应曲线对比分析**

图6-16中分别给出了复合材料壳体三个部位在能量为25J冲击时冲击响应曲线的试验结果和仿真结果。对比分析图6-16中接触力-时间曲线的仿真和试验结果可知,仿真计算得到的最大接触力与试验值较为接近,仿真预测的接触力随时间变化规律也与试验曲线吻合较好。同时,仿真得到的接触力-时间曲线中接触力的变化十分剧烈,在接触力达到最大值之前,接触力随时间成波动式上升,近似呈线性关系;在1#和2#部位,当接触力达到最大值后出现反复振荡;在3#部位,当接触力达到最大值后开始急速下降,说明此时壳体内部已经出现了较为严重的损伤。

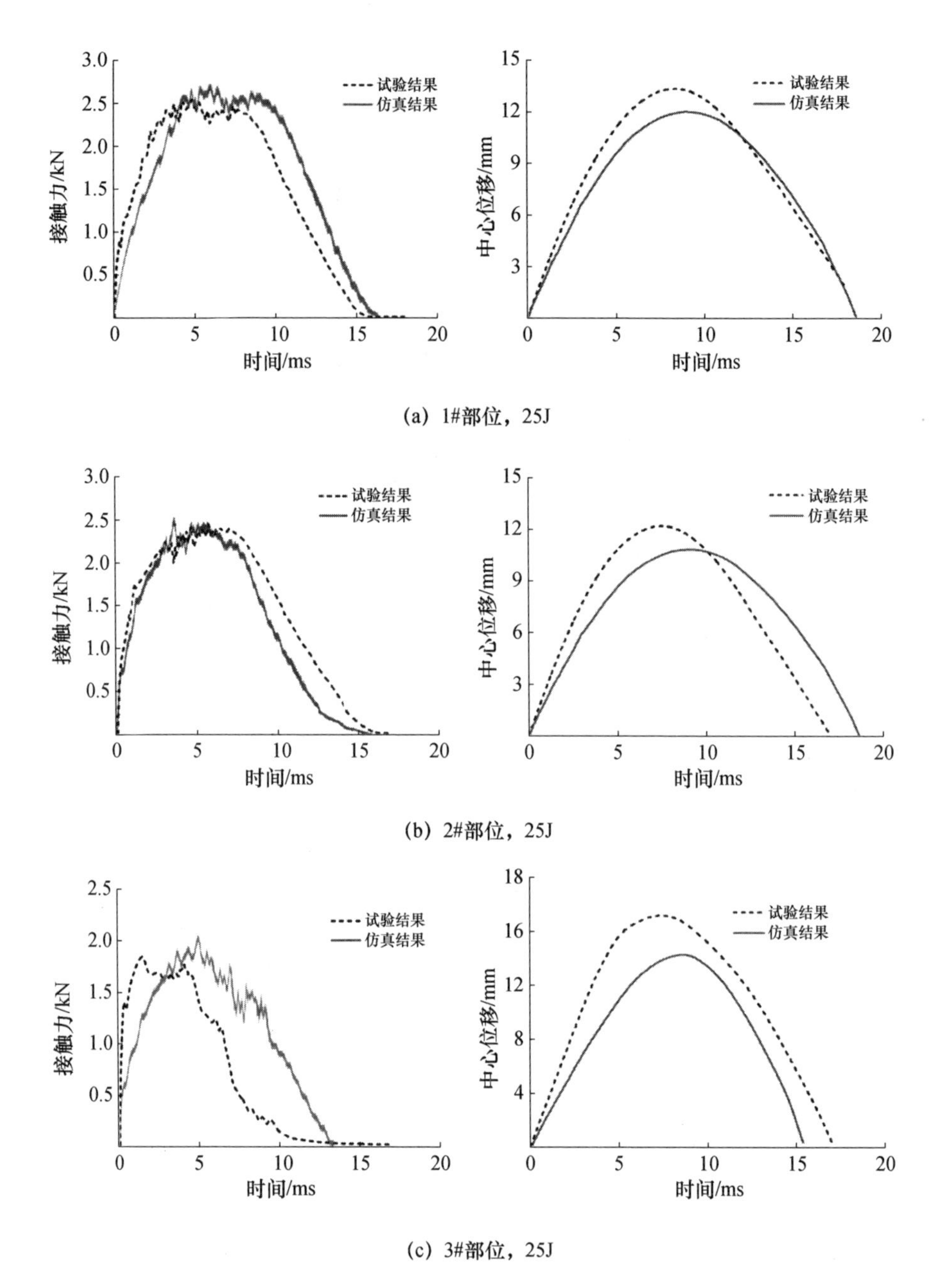

图 6－16　壳体不同部位冲击响应曲线试验与仿真结果对比

对比分析复合材料壳体中心位移-时间曲线的仿真和试验结果发现,仿真计算得到的复合材料壳体冲击过程中的最大中心位移比试验结果稍小,这与仿真建模时没有考虑缠绕复合材料中的细观交叠结构有关。由前面的分析可知,纤维交叠结构区域刚度比层合区域较小,因此导致试验得到的中心位移偏大。复合材料壳体筒段的纤维交叠区域很少,纤维交叠区域主要出现在封头位置,因此1#部位和2#部位冲击时最大中心位移仿真结果与试验误差较小,而3#部位冲击时仿真得到的最大中心位移值与试验值的误差较大。

缠绕复合材料壳体低速冲击仿真过程中可以计算出由于壳体内部层内和层间损伤造成的能量损耗,以及冲击过程中有限元模型总体内能的变化过程,仿真结果与试验结果对比如图6-17所示。图6-17中的试验和仿真结果指的是冲击过程中总体内能的变化曲线,同时为了对比方便将冲击能量做了归一化处理。从图中可以看出,仿真计算得到的内能变化规律与试验结果虽然存在一定误差,但总体看来两者吻合较好。对比缠绕复合材料壳体不同部位冲击过程中的内部损伤能耗可以发现,3#部位的损伤能耗最小,这与表6-5中不同部位冲击损伤面积的对比结果一致。冲击能量为25J时,复合材料壳体有限元模型中出现纤维破坏的单元较少,因此损伤能耗主要由复合材料基体破坏吸收的能量和层间分层吸收的能量两部分组成。

2. 不同损伤模式对比分析

限于篇幅,此处只选取缠绕复合材料壳体1#部位在35J冲击后的无损检测结果与有限元仿真得到的损伤进行对比分析。复合材料壳体1#部位冲击后的表面损伤情况如图6-18(a)所示,从中可以看出:大量的基体裂纹出现在冲击点附近,并沿着纤维方向扩展;在冲击点附近观察到纤维损伤,纤维损伤沿着圆柱壳的环向扩展。在仿真分析中同样预测到了纤维断裂,纤维断裂出现在距离冲击点不远处,如图6-18(b)所示。当半球形冲头与试件接触时,冲头正下方的区域出现了局部大变形,该区域的材料由于压缩应力过大导致纤维损伤。相反,在试件背面由于拉应力过大导致了纤维损伤,背面的损伤程度要大于正面的损伤程度。仿真分析预测的损伤形貌基本与试验结果一致。

将有限元仿真计算得到的不同冲击能量、不同冲击部位下的最大分层损伤面积与采用超声波A扫描检测得到的试件内部缺陷面积进行对比,对比结果如表6-5所列。由表中可以看出,复合材料壳体低速冲击仿真计算得到的分层面积与试验结果误差在20%以内。分层面积仿真与试验的误差主要来源于两个方面:①复合材料仿真过程中使用的界面性能参数的误差;②仿真过程中忽略了复合材料壳体层间界面可能存在的初始损伤。

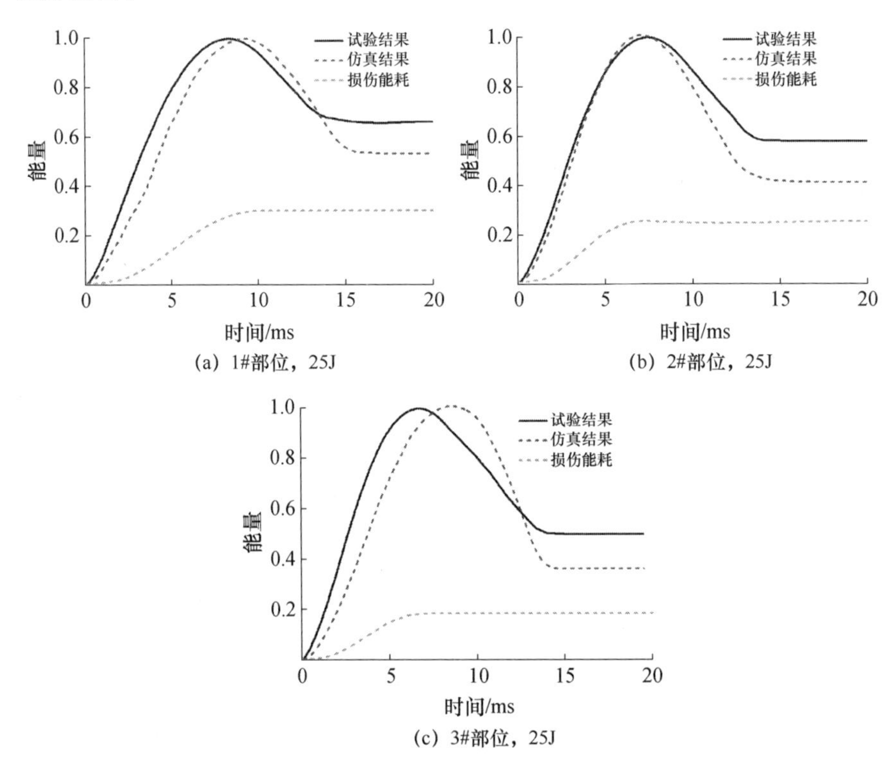

图6-17　冲击过程中能量变化规律的仿真与试验结果对比

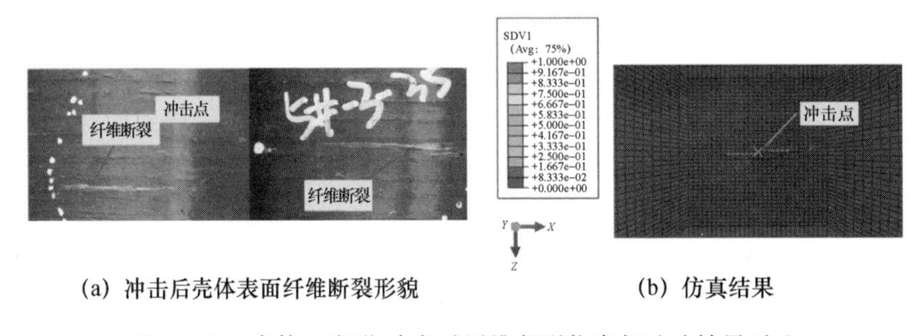

图6-18　壳体1#部位冲击时纤维断裂仿真与试验结果对比

表 6－5　缠绕复合材料壳体分层损伤试验与仿真结果对比

冲击能量		5J	10J	15J	20J	25J
壳体 1#部位分层面积	无损检测值/mm^2	800	4200	7800	9900	10800
	仿真计算值/mm^2	748	3761	6526	8013	8946
	误差/%	－6.5	－10.5	－16.3	－19.1	－17.2
壳体 2#部位分层面积	无损检测值/mm^2	800	3100	6500	8000	9500
	仿真计算值/mm^2	726	3529	6213	7835	8427
	误差/%	－9.3	13.8	－4.4	－2.1	－11.3
壳体 3#部位分层面积	无损检测值/mm^2	300	1000	2200	3500	4000
	仿真计算值/mm^2	335	1151	2504	3623	3794
	误差/%	11.2	15.1	13.8	3.5	－5.2

表 6－6 给出了 25J 冲击能量下，缠绕复合材料壳体不同部位低速冲击过程中的基体和分层损伤演化过程。表 6－6 中所示的分层损伤和基体破坏形貌图是复合材料壳体厚度方向上的损伤叠加图，这些图片由 Python 编写的后处理程序自动生成。对比同一冲击部位复合材料壳体内部分层损伤和基体破坏的演化过程可以发现，分层损伤区域与基体破坏区域较为一致，说明分层损伤与基体破坏有着密切关系，结合以往的研究可知分层损伤是由基体破坏扩展到界面引起的，所以分层损伤基本上是沿基体破坏的区域向外扩展的，并且冲击过程中基体开裂出现在分层损伤出现之前。不同冲击部位，复合材料壳体内部的分层损伤和基体破坏面积也不相同：1#部位和 2#部位冲击损伤面积的差异主要是由于两个部位冲击时边界条件的差异引起的；而 1#部位和 3#部位冲击损伤面积的差异一方面与边界条件有关，另一方面也与壳体封头和筒段区域的铺层角度及厚度差异有关。冲击过程中复合材料壳体的分层损伤沿壳体轴向和环向扩展，分层损伤沿复合材料壳体环向扩展更快，这与第 5 章中超声波 A 扫描的检测结果非常一致。

表6－6　缠绕复合材料壳体冲击损伤演化过程(冲击能量为25J)

时间		0. 2ms	1ms	2. 5ms	5. 0ms
1#部位	分层损伤				
	基体破坏				
2#部位	分层损伤				
	基体破坏				
3#部位	分层损伤				
	基体破坏				

由于现有检测手段的限制,无法全面评估试件的损伤状态,但从现有的对比结果可以看出,所建模型能够较好的预测缠绕复合材料壳体的低速冲击损伤。

第7章 含低速冲击损伤缠绕复合材料壳体强度分析与验证

受到外来物体低速冲击后，缠绕复合材料壳体结构内部会出现不同程度的损伤，包括基体破坏、层间分层、纤维断裂等，此时复合材料壳体能否继续承载，以及如何准确评估含损伤复合材料壳体的剩余强度对结构的安全使用显得至关重要。

目前，纤维复合材料低速冲击后剩余强度分析方法大致可以分为两类：宏观唯象法和损伤等效法。依据宏观唯象法建立的经验模型在使用时过分依赖于试验数据，同时模型中的参数很难确定，并且经验模型大都过分低估了复合材料结构的剩余强度，因此该方法应用范围较窄。损伤等效法在使用时往往需要在冲击损伤试验或仿真的基础上对损伤情况进行简化，这种简化分析需要大量的经验积累，否则预测得出的剩余强度会严重偏离实际值。

本章将在第6章建立的缠绕复合材料壳体渐进损伤分析模型的基础上，采用场变量分析技术将低速后缠绕复合材料壳体的损伤状态直接导入剩余强度分析模型中，减小了因损伤简化带来的计算误差，实现了低速冲击与冲击后剩余强度的一体化分析。利用该模型预测得到了缠绕复合材料壳体不同能量、不同部位冲击后的剩余爆破强度，并与水压爆破试验结果进行了对比验证，并分析了内压载荷作用下含损伤缠绕复合材料壳体的失效机理。在此基础上，研究了不同冲头尺寸、不同初始内压及不同冲击部位等因素对缠绕复合材料壳体冲击后剩余强度的影响规律。

7.1 缠绕复合材料壳体水压爆破试验

7.1.1 水压试验设备及试件

在树脂基体和纤维力学性能的基础上，为考核成形后复合材料综合性能，并且尽可能模拟发动机壳体的受力状态，实际中经常采用冲击后的爆破压力这一指标来表征缠绕复合材料壳体的抗冲击性能。缠绕复合材料壳体水压试验是在西安航天复合材料研究所水压试验中心进行的。水压试验采用的是航天四院自主设计制作的设备，该设备主要包括测试操作台、管路系统、地下测试水箱三部分组成。测试时，通过测试操作台控制水压上升速度，同时记录水压测试时间。

水压试验中的试件与第5章低速落锤冲击试验采用的试件为同一批次，为了研究不同冲击能量和不同冲击部位对缠绕复合材料壳体爆破压强和失效模式的影响规律，选取三个冲击部位、三组冲击能量(5J、15J、25J)冲击后的试件分别进行水压试验。同时为了对比分析的需要，选取三个不含损伤的缠绕复合材料壳体试件进行水压试验，测试完整复合材料壳体的爆破压强。

7.1.2 试验步骤

缠绕复合材料壳体水压试验参照GB/T 6058—2005《缠绕压力容器制备和内压试验方法》进行[241]。在对完整复合材料壳体结构进行水压试验前，对试样外观进行检查，确保试件处于无损伤状态。检测完成后，在缠绕复合材料壳体表面筒段中心处、封头赤道圆处分别粘贴应变，用以测试水压试验过程中壳体不同位置应变随内压变化情况。此外，试验开始前，还需要在复合材料壳体内部放入橡胶内衬(主要起到密封作用)，并注满水。最后，将缠绕复合材料壳体封头一端用金属堵盖密封，另一端连接水压试验管路。

水压试验开始时，先施加初始压力(1MPa左右)测试壳体与试验系统的连接情况，确保设备处于正常工作状态；随后，调节加压速率为8MPa/min，记录水压压力和缠绕复合材料壳体表面不同部位的应变变化情况；持续加压直至复合材料壳体最终破坏，记录爆破时的压力并观察复合材料壳体破坏形貌。水压爆破试验现场和试验中缠绕复合材料壳体结构如图7-1所示。

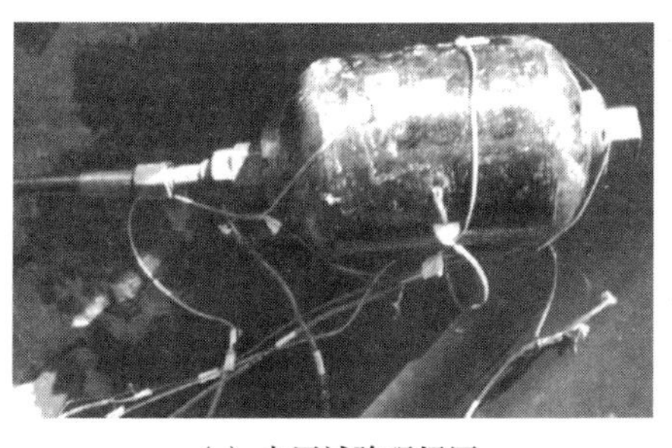

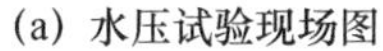

(a) 水压试验现场图

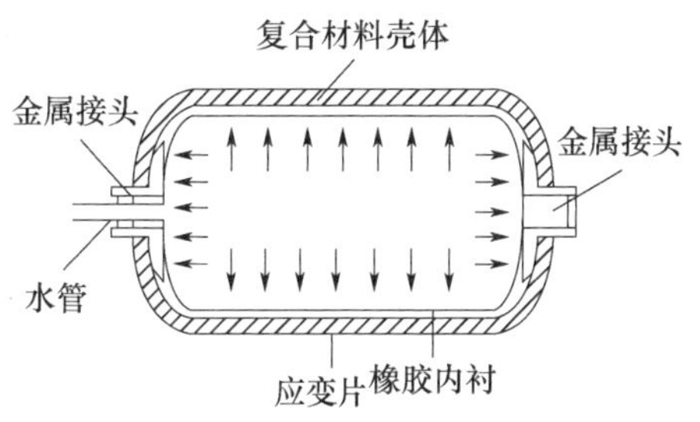

(b) 水压试验时复合材料壳体结构示意图

图 7-1　复合材料壳体水压试验示意图

7.2　内压载荷作用下复合材料壳体渐进损伤分析

当前固体火箭发动机中使用的缠绕复合材料壳体是按照网格理论设计的,而传统网格理论设计出来的复合材料壳体在封头赤道圆及封头金属连接部位存在应力突变,导致复合材料壳体最易在这些部位发生破坏。为避免这种情况的发生,在实际的缠绕复合材料壳体生产制作过程中,会在封头赤道圆处及封头金属连接部位进行加强,即增加纵向缠绕纤维厚度,同时在封头金属连接部位进行无纬带缠绕增强,使得内压载荷作用下复合材料壳体的破坏始终出现在筒段。

在缠绕复合材料壳体初步设计阶段采用的网格理论简单地认为结构中的应力全部由纤维承担,忽略了复合材料中基体部分的承载作用,其预测结果与实际测试值相差较大。因此,许多学者转而采用经典层合板理论结合首层失效判据预测复合材料壳体的爆破强度,但这种方法中并未考虑复合材料渐进损伤破坏的实际,计算精度仍然有待提高。鉴于此,在综合考虑复合材料正交各向异性特点的基础上,采用连续介质损伤力学方法对内压载荷作用下复合材料壳体的渐进损伤破坏进行仿真分析,预测其爆破压强。

7.2.1　橡胶内衬对复合材料壳体爆破压力的影响分析

这里所研究的缠绕复合材料壳体与常见的缠绕复合材料气瓶不同的是,气瓶一般具有铝合金内衬,而复合材料壳体本身没有内衬,因此在进行水压试验前需要放入橡胶内衬。金属内衬和橡胶内衬都具有密封作用,在进行水压爆破时也会分担一部分载荷,下面对内压作用下内衬与复合材料层的受力关系做一简要分析。

根据薄壳理论,受内压作用时壳体筒段的复合材料层与内衬的应变可以表示为

$$\begin{cases}\varepsilon_{z1}=\dfrac{1}{E}(\sigma_{z1}-v\sigma_{\theta1})\\ \varepsilon_{\theta1}=\dfrac{1}{E}(\sigma_{\theta1}-v\sigma_{z1})\end{cases}\tag{7-1}$$

$$\begin{cases}\varepsilon_{z2}=\dfrac{1}{E_z}(\sigma_{z2}-v_z\sigma_{\theta2})\\ \varepsilon_{\theta2}=\dfrac{1}{E_\theta}(\sigma_{\theta2}-v_\theta\sigma_{z2})\end{cases}\tag{7-2}$$

式中:下角标“1”“2”分别代表内衬和复合材料层;下角标“z”“θ”分别表示纵向和环向;E 为内衬弹性模量;E_z、E_θ 分别为复合材料层纵向和环向弹性模量。

当复合材料壳体内压为 p_1,复合材料层与内衬之间压强为 p_2 时,内衬受到的应力可以表示为

$$\begin{cases}\sigma_{z1}=\dfrac{T_{z1}}{t_1}\\ \sigma_{\theta1}=\dfrac{R}{t_1(p_1-p_2)}\end{cases}\tag{7-3}$$

式中:T_{z1} 为内衬受到的纵向载荷;t_1 为内衬厚度;R 为壳体筒段半径。

根据复合材料壳体筒段的平衡条件可知:

$$T_{z1}+T_{z2}=Rp_1/2\tag{7-4}$$

结合式(7-3)和式(7-4)可知复合材料层受到的纵向载荷 $T_{z2}=Rp_1/2-T_{z1}$,因此复合材料层的纵向和环向应力可表示为

$$\begin{cases}\sigma_{z2}=\dfrac{1}{t_2}\left(\dfrac{Rp_1}{2}-T_{z1}\right)\\ \sigma_{\theta2}=\dfrac{Rp_2}{t_2}\end{cases}\tag{7-5}$$

另外,在内压作用下,复合材料层与内衬具有相同的应变,由此得到变形协调方程为

$$\begin{cases}\varepsilon_{z1}=\varepsilon_{z2}\\ \varepsilon_{\theta1}=\varepsilon_{\theta2}\end{cases}\tag{7-6}$$

将式(7-1)~式(7-5)代入式(7-6),并对 T_{z1} 和 p_2 求解,得

$$
\begin{cases}
T_{z1} = \dfrac{t_1 E R p_1}{\Delta}(t_1 E + 2v t_2 E_z + t_2 E_\theta) \\
p_2 = \dfrac{t_2 E_\theta p_1}{\Delta}[(2 - v) t_1 E + 2(1 - v^2) t_2 E_z]
\end{cases}
\tag{7-7}
$$

式中：$\Delta = 2[t_1^2 E^2 + t_1 t_2 E E_z + t_1 t_2 E E_\theta + (1 - v^2) t_2^2 E_z E_\theta]$。将式(7－7)代入式(7－3)和式(7－5)即可求得复合材料层与内衬应力、应变的比值：

$$
\begin{cases}
\dfrac{\sigma_{z2}}{\sigma_{z1}} = \dfrac{[(1 - 2v) t_1 E + (1 - v^2) t_2 E_\theta] E_z}{(t_1 E + 2v t_2 E_z + t_2 E_\theta) E} \\
\dfrac{\sigma_{\theta2}}{\sigma_{\theta1}} = \dfrac{[(2 - v) t_1 E + 2(1 - v^2) t_2 E_z] E_\theta}{(2t_1 E + 2t_2 E_z + v t_2 E_\theta) E}
\end{cases}
\tag{7-8}
$$

由式(7－8)中分析可知，内衬与复合材料层的受力之比与两者的弹性模量成正比。

金属内衬的弹性模量一般在 100～200GPa 左右，橡胶内衬的弹性模量一般在 5～10MPa 左右，复合材料层(以 T700 为例)的宏观纵向和环向弹性模量通常在 50～100GPa 左右。结合式(7－8)分析可得，当缠绕气瓶受内压作用时，往往在复合材料层尚处于弹性阶段时，金属内衬已经出现了塑性变形，因此，在分析含金属内衬气瓶的爆破问题时必须考虑到内衬的影响。相反，在缠绕复合材料壳体中使用的橡胶内衬，由于其弹性模量较低主要起到密封作用，因此在后续仿真分析时可以忽略其对复合材料壳体爆破强度的影响。

7.2.2　有限元分析模型及分析流程

在内压载荷作用下，缠绕复合材料壳体的损伤模式与低速冲击作用下的损伤类型基本一致，因此在复合材料壳体水压爆破仿真中仍然采用第 6 章中建立的复合材料渐进损伤本构模型。在水压爆破仿真中，复合材料壳体的边界条件设置为：对复合材料壳体一端封头部位的金属连接件施加固支约束，另一端封头处的金属连接件保持轴线方向自由，其余方向固定；复合材料壳体筒段及封头段边缘处施均布内压载荷，具体如图 7－2 所示(为便于观察，仅给出 1/2 模型)。

缠绕复合材料壳体水压爆破是一个渐进损伤失效的过程：复合材料壳体内部损伤随着压强的增加而不断累积，当损伤积累到一定程度时复合材料壳体发生质变即出现纤维断裂，此后随着内部压强的进一步增加纤维断裂迅速扩展最终导致复合材料壳体的整体失效。在复合材料壳体出现纤维断裂前，整个加压过程近似为一个静态过程，可以采用 ABAQUS/Standard 隐式求解器计算纤维断裂出现前这一时间段内的复合材料壳体应力分布情况;从复合材料壳体出现纤维断裂到最终破坏这一时间段为动态过程,可以采用 ABAQUS/Explicit 显式求解器进行计算。然而在 ABAQUS 中,材料损伤状态在隐式和显式求解器之间的转换十分复杂,同时为兼顾后面的复合材料壳体低速冲击后剩余强度仿真,因此将含损伤壳体在内压作用下的破坏分析视作准静态过程,采用 ABAQUS/ Explicit 模块对其进行求解分析。

图 7 -2　复合材料壳体内压破坏有限元模型

在显式求解计算过程中,采用平滑加载的模式进行内压加载,这样可以保证显式有限元求解的精度。通过 ABAQUS/Explicit 软件结合第 6 章开发的复合材料渐进损伤本构 VUMAT 子程序对内压载荷作用下缠绕复合材料壳体的破坏过程进行仿真计算,计算流程如图 7 -3 所示。

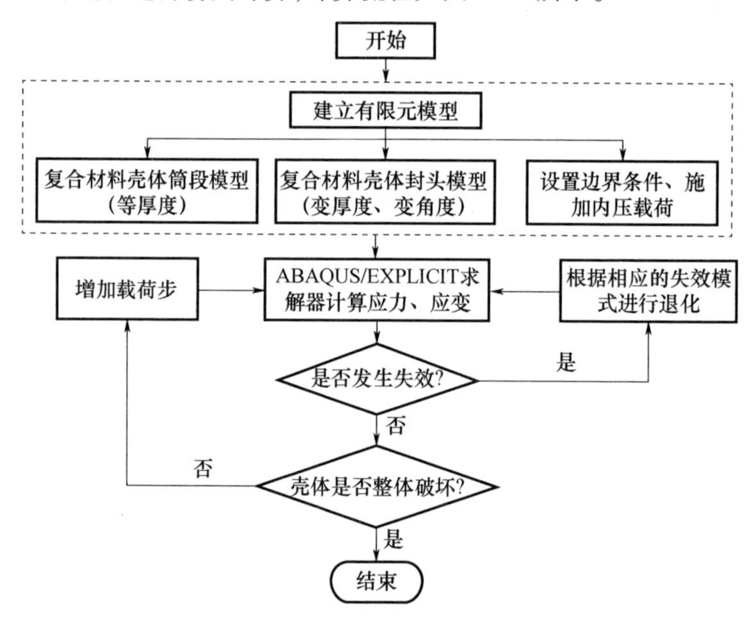

图 7 -3　内压载荷作用下复合材料壳体渐进损伤分析流程

7.2.3 仿真与试验结果对比分析

将仿真计算中得到的缠绕复合材料壳体筒段中心处和封头赤道圆处的应变－压强变化曲线与试验结果进行对比,如图7－4所示。由图7－4分析可知,复合材料壳体的环向应变、轴向应变随压强的增加而增大,两者基本上是呈线性关系。试验测试得到的复合材料壳体筒段中心最大环向应变为1.36%,最大轴向应变为0.84%;封头赤道出的环向应变为0.93%,轴向应变为1.47%,仿真结果比试验值略低;试验测试得到的复合材料壳体爆破压强平均值为35.0MPa,仿真计算得到的爆破压强为32.4MPa,误差为7.4%,有限元结果与试验结果一致性较好。

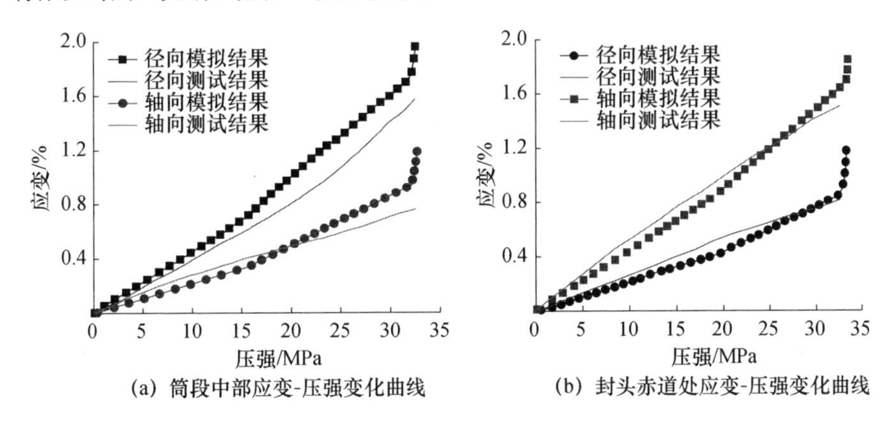

图7－4 应变－压强仿真与试验曲线对比

图7－5为缠绕复合材料壳体水压试验后的爆破形貌,从中可以看出,破坏位置位于筒段中部(表明壳体破坏模式是安全的),壳体纵环向层发生分离。图7－6给出了内压载荷作用下复合材料壳体内部基体破坏和纤维断裂损伤的演化过程,从中可以看出,在内压还很低时(7MPa左右)时,壳体已经出现基体损伤;而直至内压快接近爆破压强时(30MPa),壳体才开始出现纤维破坏。这一现象表明尽管基体破坏较早出现,但缠绕复合材料壳体的破坏最终是由纤维断裂引起的。

水压爆破过程中,缠绕复合材料壳体内部基体破坏和纤维断裂的出现不仅在时间先后顺序上有差异,并且同一时刻螺旋缠绕层和环向缠绕层内的损伤状态也存在较为明显的差异。内压为7MPa时复合材料壳体最内侧和最外层螺旋缠绕层和环向缠绕层的基体损伤情况如图7－7所示,从图中不同层内基体损伤的情况可以看出,螺旋层最开始出现基体破坏,且内侧螺旋层的损伤程度大于外侧螺旋层。内压为 30MPa 时复合材料壳体最内侧和最外层螺旋缠绕层和环向缠绕层的纤维损伤情况如图 7-8 所示。从图中可以看出,纤维断裂最先出现在环向层,内侧环向层的损伤程度大于外侧环向层。综上可知,内压作用下缠绕复合材料壳体的破坏是一个渐进过程,内压较低时即在螺旋缠绕层发生基体破坏,当内压升高到爆破压力附近时环向层首先出现纤维断裂,螺旋缠绕层的纤维断裂发生在最后阶段。

图 7-5 壳体水压爆破形貌

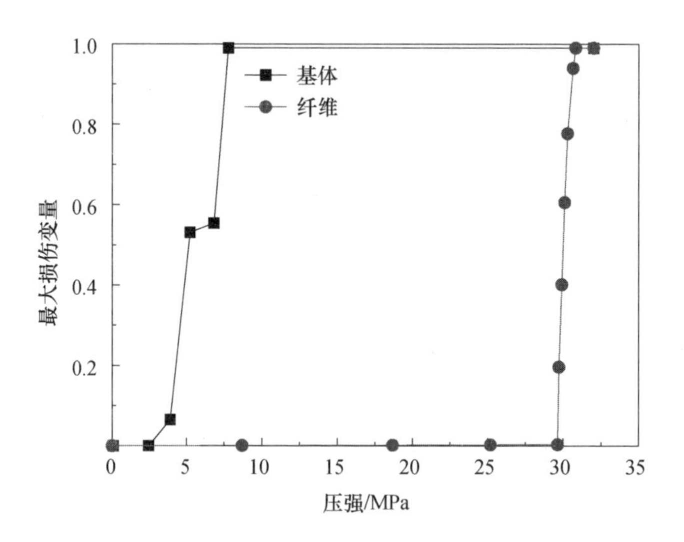

图 7-6 纤维和基体最大损伤变量随压强变化仿真结果

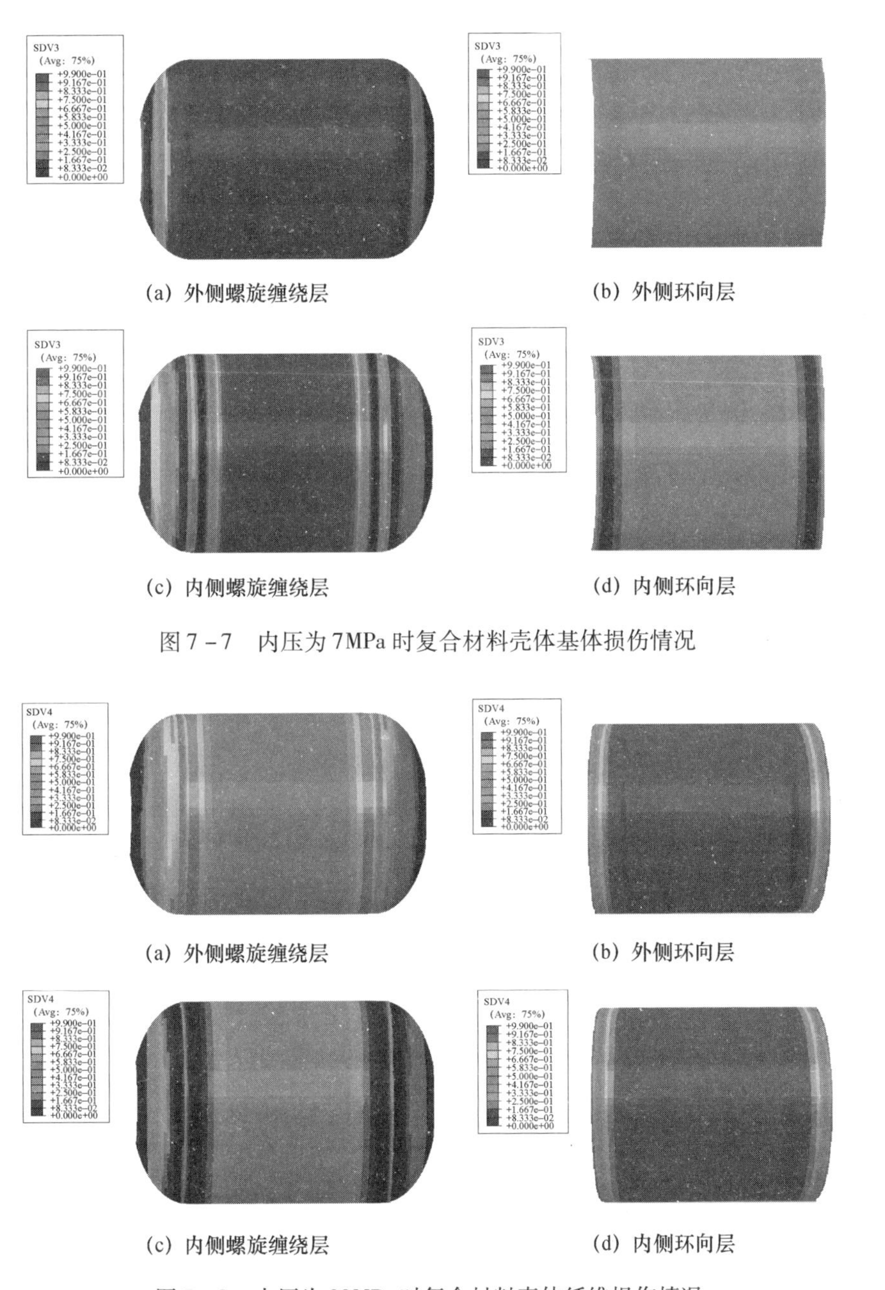

(a) 外侧螺旋缠绕层　　(b) 外侧环向层

(c) 内侧螺旋缠绕层　　(d) 内侧环向层

图 7－7　内压为 7MPa 时复合材料壳体基体损伤情况

(a) 外侧螺旋缠绕层　　(b) 外侧环向层

(c) 内侧螺旋缠绕层　　(d) 内侧环向层

图 7－8　内压为 30MPa 时复合材料壳体纤维损伤情况

7.3 缠绕复合材料壳体冲击后剩余强度预测与验证

7.3.1 基于预定义场变量方法的损伤信息导入

在缠绕复合材料壳体低速冲击后剩余强度预测过程中,有两个核心步骤:①获取低速冲击损伤后复合材料壳体的损伤状态;②将复合材料壳体的损伤状态引入到后续剩余强度分析中。

目前,获取冲击后复合材料壳体损伤信息的途径主要是无损检测和有限元仿真两种。由第5章冲击后复合材料壳体无损检测结果可知,现有无损检测技术难以对复合材料不同损伤模式进行定量化判断,因此无损检测获得的损伤信息无法用于复合材料壳体冲击后剩余强度分析中。另外,缠绕复合材料壳体低速冲击仿真不仅可以获得定量化的损伤信息,同时也易于引入后续复合材料壳体剩余强度分析中。

对于损伤状态的引入,以往在分析复合材料层合板冲击后压缩问题时常用的方法有开孔等效法、渐进损伤分析法等。开孔等效法仅仅适用于分层损伤对结构整体强度影响占据主导地位的情况,而复合材料层合板冲击后拉伸、复合材料壳体冲击后剩余强度等问题中分层损伤的影响并不显著,因此无法采用该方法进行分析。

另外还有一类损伤引入的方法是直接法,该方法直接将结构的实际损伤状态用于剩余强度分析,比较有代表性的有三种:①顺序分析法,该方法需要在低速冲击过程和剩余强度分析之间施加一个边界条件,实现动静态分析的转换;②重启动分析法,在冲击仿真完成后,通过在有限元软件中设置重启动分析,实现损伤数据由冲击模型向冲击后剩余强度模型之间的传递;③预定义场变量分析法,在有限元软件中通过子程序定义描述材料状态的场变量,实现复合材料损伤信息的传递。这三种损伤引入方法中均不需要对损伤信息进行人为假设,然而顺序分析法和重启动分析法在使用时往往会在损伤信息之外引入多余的信息,使用时受限制较多。而场变量分析法适用范围较广,不仅可以用于反复加载的情况,还可以只提取有限元模型中的局部损伤信息,且不需修改有限元模型,可以很方便地用于研究单一模式损伤对复合材料剩余强度的影响。

采用预定义场变量分析法实现复合材料壳体低速冲击与剩余强度仿真两者之间损伤信息的传递,具体步骤如图 7 - 9 所示。首先采用第 6 章中的仿真模型对缠绕复合材料壳体低速冲击过程进行计算,设置需要输出的场变量(例如只研究基体损伤对复合材料壳体冲击后剩余强度的影响时,可只输出与基体损伤有关的信息),计算完成后输出计算结果文件(.odb 文件)。其次,在进行复合材料壳体冲击后剩余强度分析时,保持复合材料壳体有限元模型网格不变,将冲击后输出的场变量作为初始状态施加给复合材料壳体模型,从而实现损伤信息的传递,随后调用 VUMAT 子程序计算复合材料壳体剩余强度。

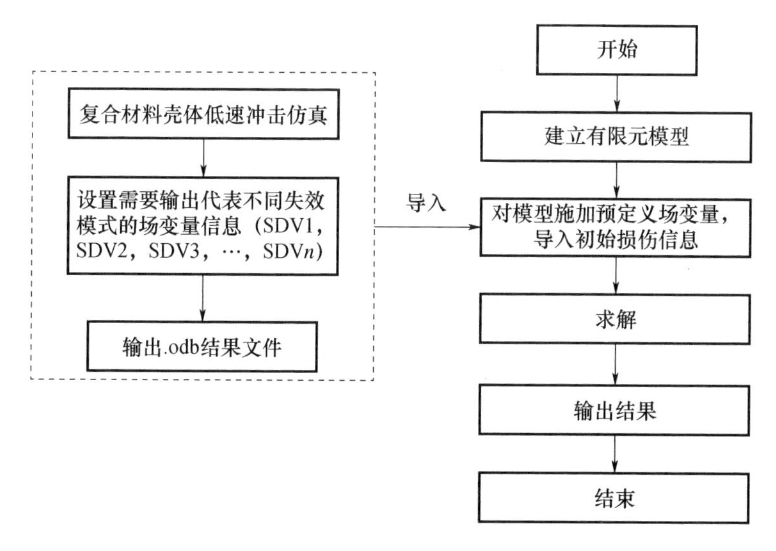

图 7-9 基于预定义场变量的损伤信息导入流程图

另外,需要指出的是,由于冲击损伤的存在打破了缠绕复合材料壳体的几何对称性,不能使用对称模型,因此采用全尺寸的复合材料壳体模型进行低速冲击仿真及冲击后的剩余强度计算。

7.3.2 复合材料壳体低速冲击后剩余强度分析流程

内压载荷作用下缠绕复合材料壳体的破坏是一个渐进损伤的过程,因此在剩余强度分析中同样采用改进 Hashin 准则和牵引-分离准则模拟复合材料层内和层间失效,含损伤复合材料壳体剩余强度数值分析流程如图 7-10 所示。首先,进行缠绕复合材料壳体低速冲击损伤计算,输出壳体模型各个单元的损伤状态;其次,建立缠绕复合材料壳体剩余强度有限元模型,将低速冲击仿真计算得到的单元的损伤状态导入到模型中;再次,使用平滑加载曲线对复合材料壳体施加内压载荷,设置相应的边界条件(具体见7.2.2节);然后,采用ABAQUS/Explicit显式有限元程序结合VUMAT子程序计算复合材料壳体各个部位的应力和应变情况,结合面内改进Hashin准则和层间牵引-分离准则,判断复合材料壳体各个单元的损伤情况,如果发生损伤,则依据相应损伤模式进行相应的刚度退化,返回重新进行计算;最后,当复合材料壳体结构整体刚度与初始刚度比值趋于零并开始软化进入卸载状态时,认为复合材料壳体整体失效,此时得到的压强即为复合材料壳体爆破压强。

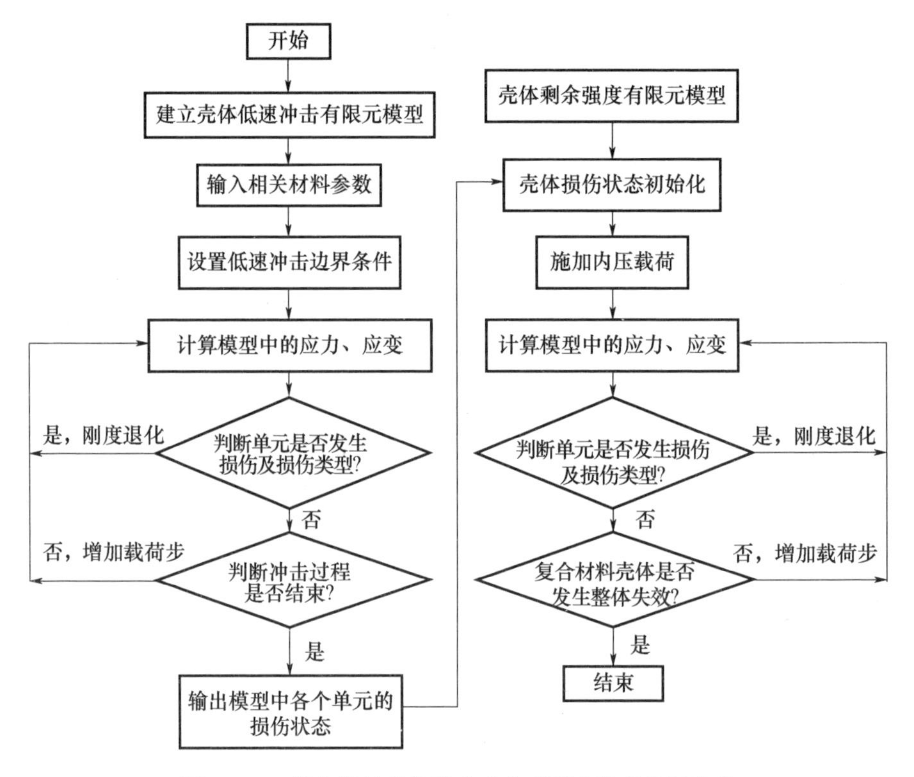

图7-10　复合材料壳体低速冲击后剩余强度分析流程

7.3.3　仿真与试验结果对比分析

1. 壳体剩余强度仿真与试验结果对比

在第6章缠绕复合材料壳体低速冲击仿真的基础上,对不同冲击部位、不同冲击能量下(5J、10J、15J、20J、25J)的复合材料壳体进行冲击后剩余强度仿真计算,计算结果与水压试验结果进行对比如表7-1所列。由表7-1

可以看出,仿真预测得到的复合材料壳体冲击后剩余强度与试验结果相差不大,满足工程精度要求,表明该模型可以用于预测复合材料壳体的冲击后剩余强度。

对比分析表7-1中复合材料壳体剩余强度与冲击能量之间的关系可知,随着冲击能量的增大,复合材料壳体剩余强度不断降低,相同冲击能量下,复合材料壳体1#和2#部位的冲击后剩余强度大致相当,2#部位略低,3#部位的冲击后剩余强度明显低于前两者,这表明相对于复合材料壳体筒段冲击而言,封头赤道圆处的冲击对壳体强度的影响程度更大。

表7-1 壳体冲击后剩余强度仿真结果与试验结果对比

剩余强度 \ 冲击能量		5J	10J	15J	20J	25J
1#部位	试验结果/MPa	34.2	—	32.4	—	22.6
	仿真结果/MPa	33.4	31.8	29.1	26.2	20.7
	误差/%	2.3	—	10.2	—	8.4
2#部位	试验结果/MPa	35.1	—	30.6	—	20.8
	仿真结果/MPa	32.7	31.2	27.9	25.3	18.4
	误差/%	6.8	—	8.8	—	11.5
3#部位	试验结果/MPa	32.8	—	25.4	—	13.6
	仿真结果/MPa	31.6	28.1	23.5	16.4	11.5
	误差/%	3.7	—	7.5	—	15.4

图7-11为冲击损伤位于复合材料壳体不同部位时(冲击能量为15J),在内压载荷作用下(20MPa)壳体筒段表面层环向应变和轴向应变沿轴线方向的分布规律。对比不同部位冲击后复合材料壳体表面的应变分布规律并结合图7-4分析可知:内压载荷作用下壳体表面的应变在冲击点附近出现突变;未损伤壳体在内压载荷作用下的最大应变为壳体筒段部位的环向应变,且在筒段部位近似均匀分布;当冲击损伤位于筒段部位时,内压作用下壳体的最大应变仍然为壳体筒段的环向应变,出现在冲击点附近位置,此处即为壳体最终的破坏位置;当冲击损伤位于壳体封头赤道处时,内压作用下壳体最大应变为封头赤道处的轴向应变,此时壳体的破坏部位从壳体筒段转移到封头处。

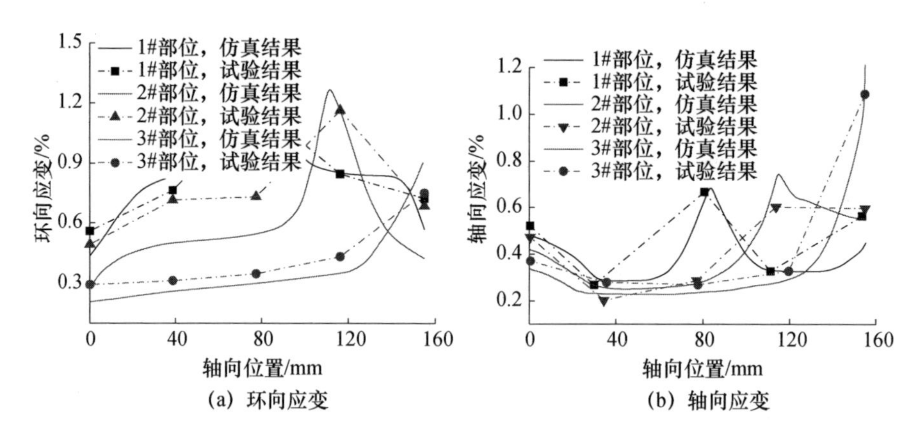

图 7-11　内压作用下含损伤壳体表面应变仿真与试验结果对比(冲击能量为 15J)

2. **分层损伤面积与剩余强度之间的关系**

由第 5 章缠绕复合材料壳体低速冲击后损伤检测结果可知,复合材料壳体冲击损伤中最容易检测到的就是内部分层损伤,因此建立分层损伤面积与剩余强度之间的关系具有重要的实际意义。复合材料壳体不同冲击部位的分层损伤面积与相应复合材料壳体剩余强度之间的关系如图 7-12 所示。从图中可以看出,冲击能量在 5~20J 范围内时,复合材料壳体 1#和 2#冲击部位的分层损伤面积与剩余强度具有较好的线性关系,当冲击能量大于 20J 时,剩余强度的下降速率明显增大。冲击能量大于 15J 时,复合材料壳体 3#部位的分层损伤面积与剩余强度之间的线性关系发生明显转折,壳体剩余强度随冲击损伤面积增加而迅速降低。

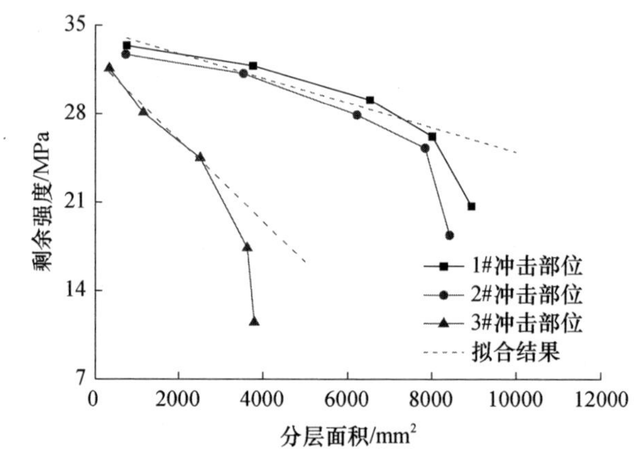

图 7-12　壳体分层损伤面积与剩余强度之间的关系

结合表 7－2 所示的复合材料壳体低速冲击中纤维断裂的仿真结果可知：在复合材料壳体 1#和 2#部位冲击时，当冲击能量为 5～10J 时，壳体并未出现纤维损伤；当冲击能量为 15～20J 时，在壳体表面环向层冲击点附近出现了少量纤维断裂；当冲击能量为 25J 时，纤维断裂在壳体表面环向层和最内侧螺旋缠绕层均出现了纤维断裂。结合复合材料壳体低速冲击仿真中纤维断裂的情况分析可知，由于基体当冲击能量达到 20J 和 25J 时，壳体冲击位置附近已经出现了较为严重的纤维破坏。由此可知复合材料壳体受剩余冲击后剩余强度与纤维损伤程度密切相关，随着纤维损伤范围的逐渐扩大，剩余强度的降低速率也不断增大。在复合材料壳体 3#部位冲击时纤维断裂与剩余强度的关系与此相同：当冲击能量为 10J 时，壳体表面冲击位置附近即出现了纤维断裂；当冲击能量为 25J 时，壳体每一层均出现了纤维断裂，故此时壳体剩余强度出现了大幅下降（相比初始强度降低了约 2/3）。

表 7－2　不同能量冲击后壳体内部纤维损伤分布

冲击部位＼冲击能量	5J	10J	15J	20J	25J
1#	—	—	第 1、2 层	第 1、2 层	第 1、2、3、4、11、12 层
2#	—	—	第 1、2 层	第 1、2 层	第 1、2、3、4、11、12 层
3#	—	第 1、2 层	第 1、2 层	第 1、2、3、4、11、12 层	第 1～12 层均有
注：表中第 1 层表示最外层环向层，第 12 层为最内层螺旋缠绕层。					

由上述分析可知，当冲击能量较低且复合材料壳体纤维断裂损伤只存在于壳体表面时，复合材料壳体剩余强度与冲击损伤面积之间近似呈线性关系，可以采用壳体不同部位冲击损伤面积的线性函数预测壳体的冲击后剩余强度。

7.3.4　含损伤复合材料壳体渐进破坏过程分析

为更好地分析含冲击损伤复合材料壳体结构在内压作用下的破坏过程，下面以壳体三个部位 15J 冲击后的剩余强度仿真结果为例，将不同初始损伤类型在内压作用下的演化过程进行对比分析，如表 7－3～表 7－5 所列。表 7－3～表 7－5 中所示损伤形貌是复合材料壳体厚度方向不同层内损伤叠加的结果，表中 1#、2#和 3#冲击部位分别对应第 5 章低速落锤试验中的三个冲击部位。

表7-3中所示的是冲击损伤在壳体筒段中心处(1#部位)时内压作用下三种不同损伤模式的演化过程。分析表中不同损伤模式的扩展规律可知,内压载荷作用下三种类型的损伤均是沿冲击部位向周围扩展,其中初始基体损伤和分层损伤在内压载荷下扩展最为迅速。内压载荷作用下,壳体内的初始分层损伤依然是沿着界面下层的纤维角度方向扩展,且分层面积随内压增加而不断增大。当内压载荷较低时,复合材料壳体内部初始纤维损伤并未扩展;在纤维损伤初始扩展阶段,初始纤维损伤主要是沿壳体环向扩展,且内压载荷作用下的纤维损伤近似呈对称分布;纤维损伤沿环向扩展的速度比轴向扩展速度快。复合材料壳体2#部位内压作用下的损伤扩展情况与壳体1#部位的损伤扩展情况类似,具体如表7-4所示。

表7-3 壳体1#部位冲击后水压破坏过程仿真结果(冲击能量为15J)

内压压强	0MPa	3MPa	6MPa	9MPa
基体损伤				
分层损伤				
内压压强	0MPa	20MPa	25MPa	27MPa
纤维损伤				

表7-4 壳体2#部位冲击后水压破坏过程仿真结果(冲击能量为15J)

内压压强	0MPa	3MPa	6MPa	9MPa
基体损伤				

（续）

内压压强	0MPa	3MPa	6MPa	9MPa
分层损伤				
内压压强	0MPa	20MPa	23MPa	25MPa
纤维损伤				

表 7－5 为复合材料壳体封头赤道圆处冲击后内压加载过程中不同类型的损伤演化过程。从中可以看出，初始基体损伤在内压载荷作用下一方面沿轴线向封头和筒段两端扩展，同时沿环向也出现了较大范围的扩展。在内压载荷作用下，分层损伤的扩展主要沿环向扩展，由于封头部位的缠绕角度是连续变化的，因此分层损伤在封头位置并未体现出明显的方向性。对比分析表 7－3～表 7－5中的纤维损伤情况，同时结合三个部位的冲击后剩余强度可知，虽然 3#部位的纤维损伤范围较小，但其爆破强度的下降程度却最大，这表明靠近封头赤道处的纤维损伤比筒段中心处的纤维损伤对壳体强度的影响更大。

表 7－5　壳体 3#部位冲击后水压破坏过程仿真结果（冲击能量为 15J）

内压压强	0MPa	3MPa	6MPa	9MPa
基体损伤				
分层损伤				
内压压强	0MPa	18MPa	20MPa	22MPa
纤维损伤				

缠绕复合材料壳体不同部位冲击后水压爆破形貌如图 7－13 所示，可以

发现复合材料壳体爆破的部位均在其冲击点附近。表 7－3～表 7－5 中纤维损伤发生的区域与试验结果较为吻合，表明复合材料壳体冲击后剩余强度仿真模型可以准确预测含冲击损伤壳体内压作用下的爆破失效。

(a) 1#部位

(b) 2#部位

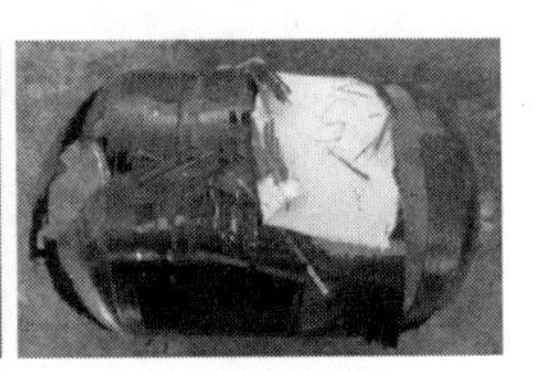
(c) 3#部位

图 7－13　不同部位冲击后壳体水压爆破形貌（冲击能量为 15J）

7.3.5　不同损伤模式对壳体强度的影响分析

低速冲击后复合材料壳体内部产生的损伤模式主要包括纤维损伤、基体损伤和分层损伤三类，为了研究不同损伤模式对复合材料壳体的影响规律，采用 7.3.1 节所述方法分别将不同损伤模式下导入复合材料壳体剩余强度分析模型，计算含单一损伤时复合材料壳体的剩余强度。表 7－6 中所示为复合材料壳体 1#部位冲击后不同损伤模式对应的壳体剩余强度仿真结果（壳体强度降低百分比＝1－剩余强度/初始强度）。对比表中同一冲击能量下全部损伤与单一损伤模式对应的壳体强度降低百分比可知，考虑全部损伤时壳体强度的降低程度大于单一损伤模式强度降低百分比的总和，这说明内压作用下壳体内部初始损伤模式之间存在耦合作用。从表 7－6 中还可以看出所有损伤模式中对分层损伤对壳体强度的影响最小；当壳体内部纤维损伤并不显著时，基体损伤对壳体强度的影响最大；随着纤维损伤程度逐渐增大，纤维损伤成为导致壳体强度降低的主要因素。

表 7－6　不同损伤模式对应的壳体强度降低百分比

冲击能量	5J	10J	15J	20J	25J
考虑全部损伤	4.6%	9.1%	16.9%	25.1%	40.9%
仅考虑基体损伤	3.2%	6.9%	7.8%	9.1%	9.3%
仅考虑纤维损伤	0%	0%	5.5%	12.0%	22.6%
仅考虑分层损伤	0.3%	1.2%	1.6%	1.9%	2.1%

由单一损伤模式的分析结果可知，低速冲击后壳体内部的基体损伤虽然不会立即导致壳体的破坏，但会使得复合材料壳体内部应力重新分布，从

而造成复合材料壳体性能的劣化，导致复合材料壳体整体强度的降低，因此实际使用过程中壳体内部基体损伤的影响不能忽略。低速冲击导致的分层损伤对复合材料壳体强度的影响较小，内压载荷作用下壳体内部初始分层主要影响环向层与螺旋缠绕层之间的剪切力，而层间剪切力的增大并不会对壳体最终爆破强度产生显著影响；同时由于内压载荷作用下的复合材料壳体层与层之间存在压应力的作用，因此不会出现由于层间分层导致的子层屈曲现象。复合材料壳体内部的初始纤维损伤会导致壳体层内环向应力和轴向应力产生明显的应力集中，因此内压载荷作用下壳体的最终爆破位置往往位于冲击导致的纤维损伤区域。

7.4 复合材料壳体冲击后剩余强度影响因素分析

由前文可知冲击部位对缠绕复合材料壳体冲击后剩余强度具有影响显著，除此之外冲头质量和形状、冲击时壳体的受载情况等均会对壳体冲击后剩余强度产生影响，而逐一开展试验研究耗费巨大，因此本节中采用复合材料壳体低速冲击仿真模型和冲击后剩余强度仿真模型开展相应的仿真计算并分析不同因素对复合材料壳体冲击后剩余强度的影响规律。

7.4.1 不同壳体初始内压的影响

缠绕复合材料壳体实际工作中，其内部常常存在液体或气体介质，即存在初始内压载荷的作用。为考虑不同初始内压载荷对复合材料壳体冲击后剩余强度的影响规律，设计开展8组(4～28MPa)不同初始内压载荷作用下复合材料壳体低速冲击和冲击后剩余强度的仿真计算。复合材料壳体低速冲击仿真计算中采用的是直径为12.7mm半球形冲头，冲头质量为6.5kg，冲击能量为15J，冲击部位位于壳体筒段中心处。

不同初始内压作用下复合材料壳体冲击过程中损伤耗能及冲击后复合材料壳体剩余强度之间的关系如图7-14所示。复合材料壳体低速冲击过程中的损伤能耗与复合材料壳体内部的损伤程度呈正比，因此可用损伤能耗表示复合材料壳体内部的损伤程度。对比分析不同初始内压作用下复合材料剩余强度的变化规律可知：当复合材料壳体内部初始压力小于16MPa时，冲击后壳体剩余强度随着内压的增加而增大；当复合材料壳体内部初始压力大于16MPa时，冲击后壳体剩余强度随着内压的增大而不断降低。导致这一现象的原因是内压作用对壳体整个结构起到了支撑作用，在一定程度上增强了壳体抵抗冲击的能力，这可以从吸收能量随内压变化曲线上中得到验证。当内压进一步增大时，壳体抵抗冲击的能力降低，这是当内压超过一定值时，壳体的纤维处于高应力状态，受到较低能量冲击时就会造成严重的纤维损伤，从而使冲击后剩余强度比空载时更低。

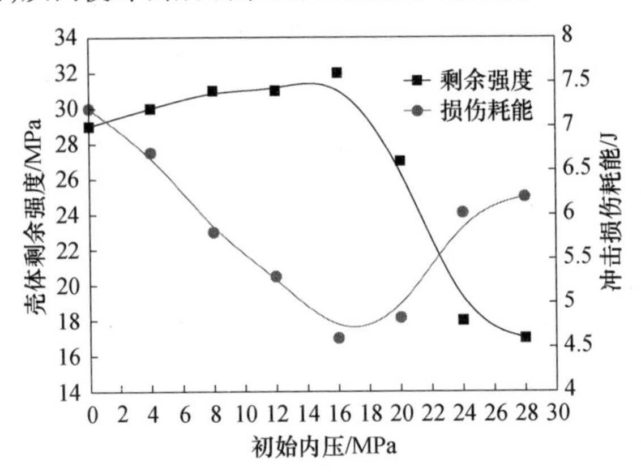

图 7－14　不同初始内压作用下壳体剩余强度及损伤耗能

7.4.2　不同冲头尺寸的影响

根据以往复合材料层合板的低速冲击损伤研究结果可知，不同冲头尺寸冲击后复合材料结构内部的冲击损伤及其剩余强度也不相同，鉴于此，在冲击能量为 15J、冲头质量为 6.5kg、冲击部位在筒段中心的前提下，针对 8 组不同直径的半球形冲头（冲头直径在 8.7～15.7mm 范围内变化，以 1mm 的直径递增），开展了缠绕复合材料壳体低速冲击和冲击后剩余强度的仿真计算。不同尺寸冲头冲击后的复合材料壳体剩余强度及冲击过程中的损伤耗能计算结果如图 7－15 所示。从图中可以看出当冲头直径在 8.7～15.7mm 范围内变化时，复合材料壳体冲击后剩余强度随着冲头尺寸的增大而不断增加；冲头直径在 8.7～13.7mm 之间时，复合材料壳体冲击过程中的损伤能耗也随着冲头尺寸的增大而不断增加；当冲头直径在 13.7～15.7mm 之间时，损伤能耗随冲头尺寸增大而缓慢降低。

上述分析表明当冲头直径在 8.7～13.7mm 范围内变化时，壳体冲击后剩余强度随损伤能耗的减小而降低，出现这一现象的原因是：当冲头尺寸较小时，虽然壳体内部的损伤面积较小，但局部的纤维和基体损伤程度却更为严重，而复合材料壳体的强度恰恰是由最薄弱部位的强度决定的，因此出现了复合材料壳体冲击后剩余强度随冲头尺寸减小而降低的现象。

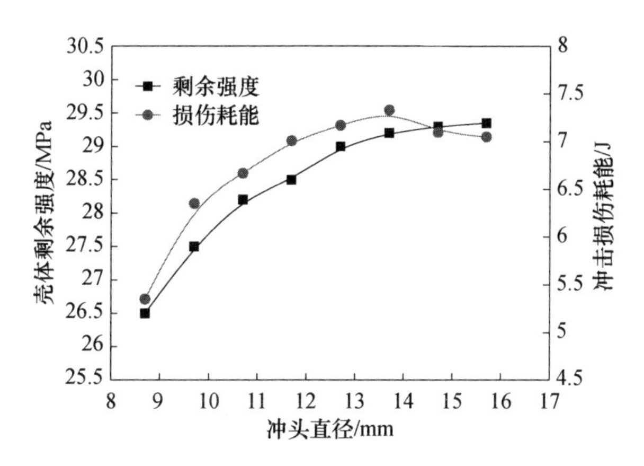

图 7－15　不同直径冲头冲击后壳体剩余强度及损伤耗能

7.4.3　不同冲击部位的影响

由本章前述的缠绕复合材料壳体冲击后剩余强度试验结果可知，不同部位冲击后复合材料壳体剩余强度具有明显差异，为了更好地揭示冲击部位对壳体冲击后剩余强度的影响规律，设计开展了 6 个不同冲击部位的冲击后剩余强度仿真计算，仿真过程中采用的是直径为 12.7mm 的半球形冲头，冲头质量为 6.5kg，冲击能量为 15J。6 个冲击部位的情况如图 7－16 中所示，其中 1#～4#冲击部位分别位于复合材料壳体筒段（以筒段中心为坐标原点，以赤道圆处为终点，沿轴向均匀分布），5#和 6#冲击部位分别位于壳体封头 1/3 和 2/3 的位置。

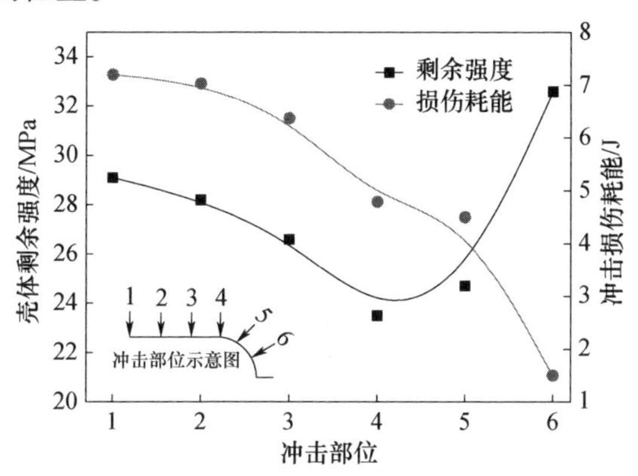

图 7－16　不同部位冲击后壳体剩余强度及损伤耗能

复合材料壳体不同部位冲击后的剩余强度和冲击过程中的损伤耗能的仿真计算结果如图 7 – 16 所示。对比不同冲击位置和复合材料壳体剩余强度之间的关系可知:相同冲击能量下,在 4#冲击部位(封头赤道圆处)的冲击对复合材料壳体的强度影响最大,在 6#冲击部位(该冲击部位正下面为钢质堵盖)的冲击对复合材料壳体的强度影响最小;对比壳体筒段不同部位的冲击后剩余强度可以发现,沿着筒体轴线,越靠近封头赤道部位,冲击后剩余强度越低,直到封头赤道圆处达到极值;封头部位冲击时,冲击部位越靠近封头端部,冲击损伤对壳体强度的影响越小。从冲击过程中的损伤耗能随冲击部位的变化曲线中分析可知:1#冲击部位冲击过程中的损伤耗能最多,但其冲击后剩余强度却比 2#、3#、4#冲击部位大,这说明冲击后剩余强度与能量的吸收并不是线性关系;6#冲击部位由于位于靠近封头端部位置,其内部存在钢质堵盖,所以该部位冲击过程中的损伤能耗较低,且产生的冲击损伤对壳体的强度影响较小。

上述分析表明缠绕复合材料壳体结构中封头赤道圆处对外来物体的低速冲击最为敏感。这是由于内压载荷作用下复合材料壳体冲击损伤区域会产生明显的应力集中现象,而封头赤道圆处的纤维层厚度是整个壳体中最薄的,因此相同冲击能量下,在封头赤道圆处冲击后复合材料壳体的剩余强度最小。

第8章 缠绕复合材料壳体概率渐进失效分析模型与可靠性评估

第6章建立了复合材料结构渐进失效模型,认为复合材料结构的失效是一个损伤逐步累积的渐进失效过程,算例表明该模型符合复合材料失效的实际情况,能够用来模拟复合材料结构的失效过程以及预测其最终承载能力。大量试验和研究表明,由于各向异性的特点以及制造工艺的复杂性,复合材料本身存在大的统计变异性,因此必须考虑复合材料及其结构的随机性。

本章在复合材料结构渐进失效分析的基础上,应用系统可靠性理论,建立复合材料结构概率渐进失效分析模型,对复合材料结构进行可靠性评估。同时,将针对概率渐进失效分析模型在复杂结构应用中遇到的计算机耗时巨大的问题,提出并应用一些具体、有效的技术以提高计算效率,使其能够实用化。并应用该模型,对 SRM 纤维缠绕壳体结构进行概率渐进失效分析和可靠性评估研究。

8.1 复合材料结构可靠性分析方法

在结构工程中,为保证结构的安全性和可靠性,就要从结构的组成材料、使用条件、环境等方面研究可能存在的各种随机不确定性,并利用适当的数学方法将这些随机不确定性与结构的安全性和可靠性联系起来,这就是结构随机可靠性理论。

复合材料结构的失效是一个损伤逐步累积的过程,当一个单层发生失效时,整个承载的拓扑结构也将发生变化。从结构的角度看,复合材料结构属于典型的静不定体系。这样,要想较为精确地预测复合材料结构的可靠性,必须用系统工程的观点把复合材料结构作为一个结构系统来看待,采用结构系统可靠性分析的方法对结构进行可靠性分析[242]。结构系统可靠性理论中的系统有两个含义:①系统是由结构单元(组件)构成的具有一定功能关系的组合体;②系统失效有明确的演化历程,失效过程中系统的拓扑结构将发生明确的变化。这两点正好适用于复合材料结构失效的特点。

实际的复合材料结构系统是非常复杂的,需要对其进行理想化处理,包括串联结构系统、并联结构系统和混联结构系统。串联结构系统定义为,任何一个组件(或子系统)的失效都会导致整个结构系统失效的结构系统;并联结构系统是仅当所有的组件(或子系统)都失效时系统才失效的结构系统。混联结构系统是由这两个基本的理想模型组合而成的复合结构系统,又可以进一步分为:①串联－并联系统,该系统是将由组件并联组成的子系统加以串联组成的复合系统;②并联－串联系统,是将由组件串联组成的子系统加以并联组成的复合系统;③混合并联系统。

设一个系统有 n 个组件,E_j 为组件 j 的失效事件,则串联结构系统和并联结构系统的系统失效事件分别表示为

$$E_{串} = E_1 \cup E_2 \cup \cdots E_n = \bigcup_{j=1}^{n} E_j \tag{8-1}$$

$$E_{并} = E_1 \cap E_2 \cap E_n = \bigcap_{j=1}^{n} E_j \tag{8-2}$$

相应的系统失效概率为

$$P_{f串} = P(E_{串}) = P(\bigcup_{j=1}^{n} E_j) \tag{8-3}$$

$$P_{f并} = P(E_{并}) = P(\bigcap_{j=1}^{n} E_j) \tag{8-4}$$

若系统为混联系统,则可根据其具体的拓扑形式通过串并联模型进行推导。

将式(8－3)和式(8－4)进行全概率展开,能够得到系统结构可靠度的精确解。但由于复杂结构的失效模式很多,数学计算十分复杂,有时候甚至是不可能的,给工程应用造成诸多不便。在工程中人们更多关心的是结构可靠度的范围,因此就出现了系统失效概率界限理论。

串联系统失效概率界限理论可分成:简单界限理论、二阶界限理论和高阶界限理论。

Cornell[243]提出简单界限理论,表达式为

$$\max P(E_i) \leqslant P_{f_s} \leqslant 1 - \prod_{i=1}^{m}[1 - P(E_i)] \text{ 或 } \sum_{i=1}^{m} P(E_i) \qquad (8-5)$$

该理论只考虑了单个失效模式的失效概率而没有考虑失效模式间的相关性,其下界对应于各失效模式完全相关的情况,其上界为各失效模式完全统计独立的情况。

Ditlevsen[244]提出了二阶窄界限理论,考虑了两个失效模式同时失效的概率,其上下界为

$$\begin{cases} P_{f_s} \leqslant \sum_{i=1}^{m} P(E_i) - \sum_{i=2,j<i}^{m} \max P(E_i \cap E_j) \\ P_{f_s} \geqslant P(E_1) + \sum_{i=2}^{m} \max\{[P(E_i) - \sum_{j=1}^{i-1} P(E_i \cap E_j)],0\} \end{cases} \qquad (8-6)$$

目前,可靠度界限理论主要针对串联系统进行的,对并联系统只给出较为简单的失效概率上下限:

$$\prod_{i=1}^{n} P(E_i) \leqslant P_{f_s} \leqslant \min_{i \in n} P(E_i) \qquad (8-7)$$

类似于串联系统简单界限理论,并联系统的上下界确定未考虑失效模式的相关性,因此它给出的失效概率范围相对较宽。

8.2　复合材料结构概率渐进失效分析模型

8.2.1　复合材料结构系统单元和系统的定义

复合材料结构可靠性评估可以采用结构系统可靠性分析方法。通常,结构系统可靠性方法主要应用于框架和桁架结构,这类结构实际上是一种离散体结构系统,在离散体结构系统中对单元和系统的定义是通过自然的组件完成的。这里不同的是,对于要研究的层合板结构、纤维缠绕结构等,实际上是一种连续体结构系统,连续体结构系统对于单元和系统的定义有所不同。

对于一般的三维复合材料结构,通常采用有限单元程序对其进行结构分析。这种情况下,有限单元网格划分好后,结构可以认为是由网格划分后的单元组成的系统。如图 8-1 所示,在每个单元中,层板构成一个子系统。对每个子系统,考虑不同的失效模式,例如:基体开裂、纤维断裂和分层等,定义为层级组件失效。这些组件顺序失效,最终导致整个结构系统的失效。

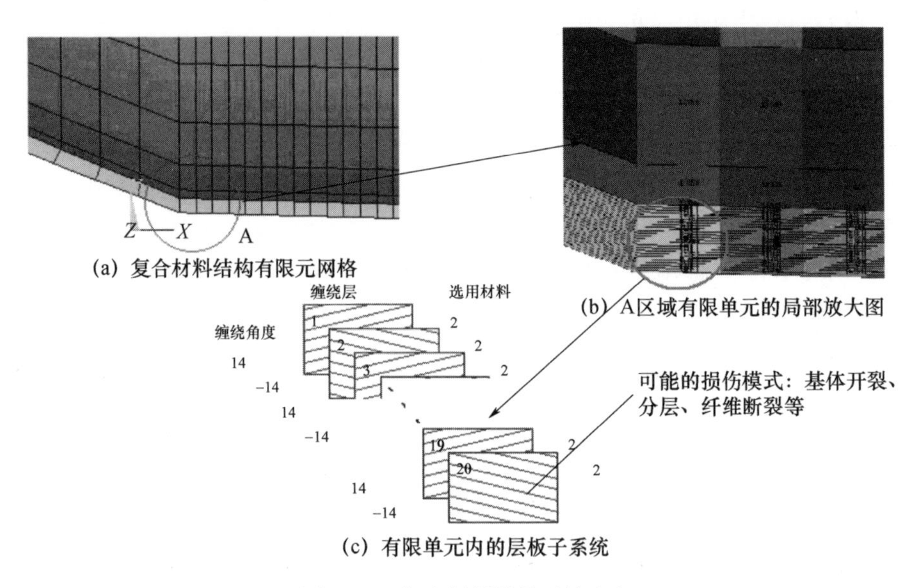

图8-1　复合材料结构系统定义

顺序失效的组件构成一个失效序列,结构系统的失效可以通过组件的失效序列来评价。对于一个考虑了概率随机性的结构系统,这样的失效序列有很多个。在这种情况下,复合材料结构系统可以认为是一个由并联子系统组成的串联系统,如图8-2所示。也就是说,每一个失效序列是一个由基本失效事件构成的并联系统,整个结构系统的失效是所有失效序列的合集。

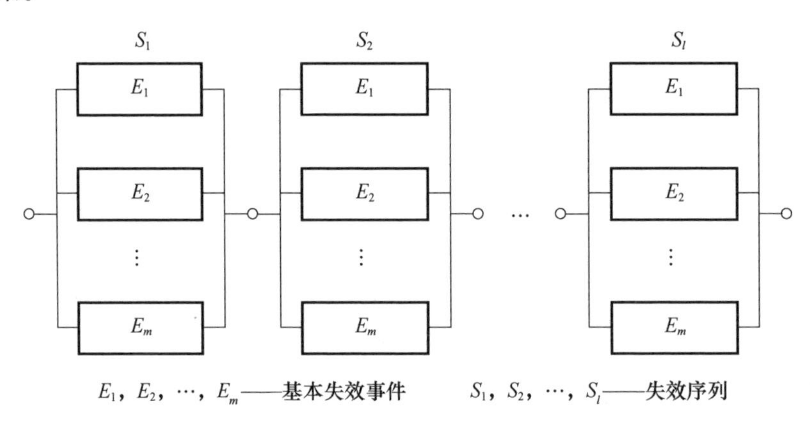

图8-2　系统失效序列

8.2.2　概率渐进失效分析基本流程

概率渐进失效分析的基本流程如图 8 – 3 所示，具体包括以下步骤：

(1) 首先确定基本随机变量，通常包括材料性能、强度参数、载荷、层板方向和厚度等。

(2) 将这些变量输入到结构分析程序中，例如有限单元程序，进行应力分析。

(3) 结构分析结果代入组件的功能函数，评估组件的失效概率。

(4) 假定：失效概率高的组件比失效概率低的组件先失效。对失效的组件，通过改变其刚度矩阵中的相应项进行模拟。

(5) 对损伤的结构重新分析，更多的失效发生，直到整个系统破坏。

整个分析程序主要包括应力分析、考虑组件失效而进行的刚度矩阵的修改以及失效概率的计算。应力分析可以通过有限元程序（如 ABAQUS、ANSYS 软件等）完成；刚度矩阵的修改通过刚度退化准则完成；失效概率的计算部分将在 8.2.3 节介绍。

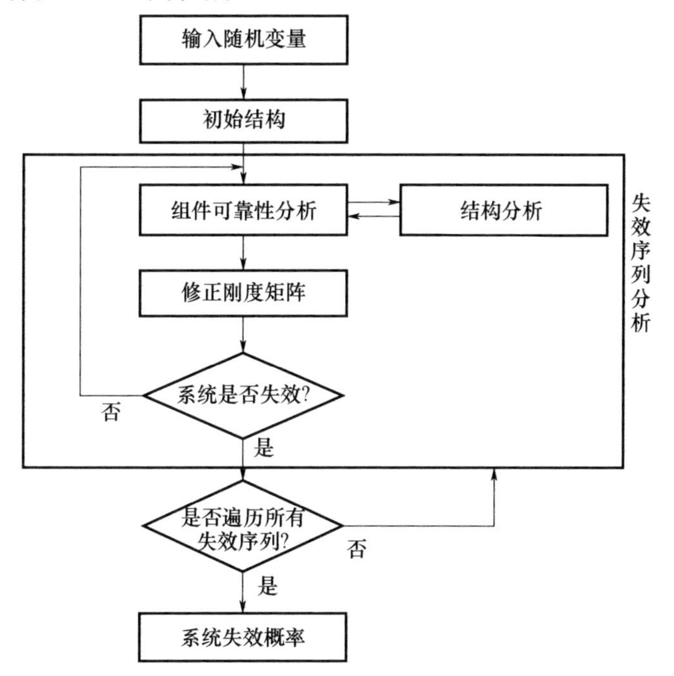

图 8 – 3　概率渐进失效系统可靠性分析流程图

8.2.3 概率渐进失效分析中的失效概率计算

复合材料结构概率渐进失效分析中失效概率计算主要包括组件失效概率的计算和主要失效序列的识别。

8.2.3.1 组件失效概率的计算

关于组件失效概率的计算有很多比较有效的计算方法,包括各种近似方法(例如均值一次二阶矩法[245]、改进的一次二阶矩法[246]等),模拟方法[247],随机有限元法[248-255]等。下面对要用到的方法加以阐述。

1. 一次二阶矩法(FOSM)

一次二阶矩法[245]是对结构功能函数取变量的一次项部分(即线性化),以变量的一阶矩、二阶矩为概率特征进行可靠度计算的一种方法。

将功能函数 $g(X)$ 在各基本变量均值点处泰勒展开,仅保留一次项得

$$g(X) \approx g(x^*) + \sum_{i=1}^{n}\left(\frac{\partial g}{\partial x_i}\right)(x_i - x_i^*) \tag{8-8}$$

式中:$g(X)$ 为结构功能函数;X 为随机设计变量矢量;x^* 为随机变量均值点;n 为随机变量的个数;$\frac{\partial g}{\partial x_i}$为功能函数对 x_i 的偏导数。

则其均值和方差为

$$\begin{cases} \mu_g = g(x^*) + \sum\limits_{i=1}^{n}\left(\dfrac{\partial g}{\partial x_i}\right)_*(x_i - x_i^*) \\ \sigma_g^2 = \sum\limits_{i}^{n}\sum\limits_{j}^{n}\left(\dfrac{\partial g}{\partial x_i}\dfrac{\partial g}{\partial x_j}\right)_*\operatorname{cov}(x_i, x_j), \quad i \neq j \end{cases} \tag{8-9}$$

式中:μ_g、σ_g^2 分别为功能函数的均值和方差;x_i、x_j 为第 i 个和第 j 个随机变量;$(\cdot)_*$ 表示在均值点 x^* 处取值;$\operatorname{cov}(x_i, x_j)$ 是 x_i 和 x_j 的协方差。

可靠性指标:

$$\beta_k = \mu_g/\sigma_g \tag{8-10}$$

2. 改进的一次二阶矩法(AFOSM)

1) H-L 法

FOSM 法略去了泰勒级数中的高阶项,对非线性程度高的功能函数将产生较大的误差,且对同一问题采用不同的功能函数,将得出不同的结果。基于此,Hasofer 和 Lind[246]建议采用失效面取代安全裕量函数确定结构可靠度指数 β,其中失效面由安全裕量函数极限状态方程确定,失效面将 n 维欧氏

空间划分成失效区（$g(X)<0$）、可靠区（$g(X)>0$）。Hasofer 和 Lind 认为可靠度指数 β 的大小等于均值点到失效面（$g(X)=0$）的距离。若将基本变量正则化处理，则可靠度指数 β 的大小等于标准正态坐标中坐标原点到失效面的最短距离。因此 AFOSM 求可靠性指标 β 转化为如下优化问题：

$$\begin{aligned} \min \quad & \beta = \left[\sum_{i=1}^{n} y_i^2\right]^{1/2} \\ \text{s.t.} \quad & g'(Y) = g'(y_1, y_2, \cdots, y_n) = 0 \end{aligned} \tag{8-11}$$

式中：$y_i = \dfrac{x_i - x_i^*}{\sigma_{x_i}}$；$g'(\cdot)$是经正则化后的极限状态方程。

2）R－F 法

H－L 法仅适用于基本变量为正态分布的情况，对于非正态变量的情况，Rackwitz 和 Fiessler[256]提出了一种等效正态变量法，简称 R－F 法。设非正态随机变量 $x_i(i=1,2,\cdots,n)$分布函数为 $F_i(x_i)$，密度函数为$f_i(x_i)$，则在验算点 x_i^* 处的等效正态分布的均值μ'_i 和标准差 σ'_i 为

$$\begin{cases} \sigma'_i = \dfrac{\phi\{\Phi^{-1}[F_i(x_i^*)]\}}{f_i(x_i^*)} \\ \mu'_i = x_i^* - \sigma'_i \Phi^{-1}[F_i(x_i^*)] \end{cases} \tag{8-12}$$

式中：$\Phi(\cdot)$、$\phi(\cdot)$、$\Phi^{-1}(\cdot)$分别为标准正态分布的分布函数、密度函数及其反函数。这样将一般随机变量转化为正态随机变量，然后按照 FOSM 法进行结构可靠度计算。

3. 随机有限元方法（SFEM）

随机有限元法是在有限元方法的基础之上发展起来的随机的数值分析方法，它是随机分析理论与有限元方法相结合的产物。

根据对结构进行随机分析的方法与手段不同，随机有限元法可分为几类：①统计的方法，就是通过大量的随机抽样，对结构反复进行有限元计算，将得到的结果做统计分析，得到该结构的失效概率或可靠度，这种方法称为蒙特卡罗（Monte－Carlo，MC）随机有限元法[247－248]。②分析的方法，就是以数学、力学分析作为工具，找出结构系统的响应（确定的或随机的）与输入信号（确定的或随机的）之间的关系，并据此得到结构应力、应变或位移的统计规律，得到结构的失效概率或可靠度。这一类方法主要有摄动随机有限元法[249－250]（PSFEM）、纽曼随机有限元法[251－252]（NSFEM）等。③还有一类新的方法，它利用对随机变量的概率密度函数进行积分得到结构位移、应力和

应变等响应的统计结果,被称为积分随机有限元法(ISFEM)[253-255]。该方法可以利用确定性有限元来进行随机分析,它不涉及有限元的具体实现过程,在计算中利用较少的积分点即可达到较高的计算精度,对于复杂几何形状以及材料非线性结构的随机分析具有一定的优势。

1) 单变量随机有限元列式

设含有随机参数 α 的结构有限元方程为

$$\boldsymbol{K}(\alpha,\delta)\cdot\delta=\boldsymbol{F}(\alpha) \tag{8-13}$$

式中:$\boldsymbol{K}$、$\boldsymbol{F}$ 分别为总刚矩阵和载荷矩阵;δ 为位移响应。由式(8-13)解得的位移响应 δ 是随机的,结构应力、应变等响应量均为位移响应 δ 的导出量,因而也是随机的。

设

$$Z=G(\alpha) \tag{8-14}$$

为上述的各种随机响应量,一般地,式(8-14)没有解析表达式,需通过数值方法进行求解。假设随机参数 α 服从标准正态分布,其密度函数:

$$f(\alpha)=\frac{1}{\sqrt{2\pi}}\exp\left(-\frac{\alpha^2}{2}\right) \tag{8-15}$$

由概率论的知识可知 Z 的各阶统计量为

均值:

$$\mu=\frac{1}{\sqrt{2\pi}}\int_{-\infty}^{+\infty}G(\alpha)\cdot\exp\left(-\frac{\alpha^2}{2}\right)\mathrm{d}\alpha \tag{8-16a}$$

k 阶中心矩:

$$M^k=\frac{1}{\sqrt{2\pi}}\int_{-\infty}^{+\infty}[G(\alpha)-\mu]^k\cdot\exp\left(-\frac{\alpha^2}{2}\right)\mathrm{d}\alpha \tag{8-16b}$$

令 $X=\frac{\alpha}{\sqrt{2}}$,则式(8-16)可变换为

$$\mu=\frac{1}{\sqrt{\pi}}\int_{-\infty}^{+\infty}G'(x)\cdot\exp(-x^2)\mathrm{d}x \tag{8-17a}$$

$$M^k=\frac{1}{\sqrt{\pi}}\int_{-\infty}^{+\infty}(G'-\mu)^k\cdot\exp(-x^2)\mathrm{d}x \tag{8-17b}$$

式(8-17)可用如下的 Hermite 数值积分求解:

$$\int_{-\infty}^{+\infty}F(x)\cdot\exp(-x^2)\mathrm{d}x=\sum_{i=1}^{m}\lambda_i\cdot F(x_i) \tag{8-18}$$

式中:x_i 为积分点,$i=1,2,\cdots,m$;λ_i 为相应的权重。

Z 的均值和各阶中心矩的 m 点 Hermite 积分格式是

$$\mu = \sum_{i=1}^{m} P_i G(\alpha_i) \tag{8-19a}$$

$$M^y = \sum_{i=1}^{m} P_i \left(G(\alpha_i) - \mu \right)^k \tag{8-19b}$$

式中：$\alpha_i = \sqrt{2} x_i$；$P_i = \lambda_i / \sqrt{\pi}$。

积分点及权重如表 8-1 所列，对于非标准正态的随机变量，可利用相关变换将其变换为标准正态随机变量后再用上述方法进行计算。

表 8-1　积分点及权重

m	x_i	P_i
3	±1.732051	0.166667
	0	0.666667
5	±2.856970	0.011257
	±1.355626	0.222076
	0	0.533333
7	±3.750440	0.000548
	±2.366760	0.030757
	±1.154405	0.240123
	0	0.457143
9	±4.512746	0.000022
	±3.205429	0.002789
	±2.076848	0.049918
	±1.023256	0.244098
	0	0.406349
11	±5.188001	0.0000008
	±3.936168	0.000196
	±2.865124	0.006720
	±1.876035	0.066138
	±0.928869	0.242240
	0	0.369408

2）多变量随机有限元列式

设 U 为 n 维随机向量 $U = \{u_1, u_2, \cdots, u_n\}$，其均值为 $\overline{U} = \{\overline{u}_1, \overline{u}_2, \cdots, \overline{u}_n\}$，令 $U_i = \{\overline{u}_1, \overline{u}_2, \cdots, u_i, \cdots, \overline{u}_n\}$，即 U_i 中除了 u_i 外，其余的随机变量为其均值。与式(8-17)对应的响应 $Z = G(U)$ 的统计量由如下方法获得。

取 Z 的近似表达式为

$$Z' = \sum_{i=1}^{n} (Z_i - \overline{Z}) + \overline{Z} \tag{8-20}$$

其中 $Z_i = G(U_i)$,$\overline{Z} = G(\overline{U})$,则 Z 的统计量可由其近似量 Z'导出:

$$\mu = \sum_{i=1}^{n} (\mu_i - \overline{Z}) + \overline{Z} \tag{8-21}$$

$$\sigma^2 = \sum_{i=1}^{n} \sigma_i^2 \tag{8-22}$$

式中:μ_i、σ_i^2 分别为响应 Z_i 的均值和方差。

对于 n 个变量情况,如果每个变量都取 m 个积分点,那么完成确定性有限元的次数为 m^n,一般来说,这个数目是巨大的,由于使用了式(8-20)这一近似表达式,结构的均值和方差的计算就变得简单多了,其计算次数为 $n \times m$,大大减小了计算量。如果输入的随机向量相关,必须将随机向量变换为相互独立的变量方可用上述方法进行计算。

8.2.3.2 主要失效序列的识别

复合材料结构概率渐进失效分析中主要失效序列识别算法的核心[124]有两个:①如何实现结构的失效状态转移;②如何快速、正确地生成复合材料结构系统失效树的主干和主枝。对于复合材料结构系统,其可能的失效路径有很多,当进行失效状态转移时,转移的路径自然就不止一个,会出现分枝现象。显然,如果在每一个分枝点都考虑所有的分枝可能,即采用穷举算法,只进行分枝操作,必然导致组合爆炸。为了避免这一点,必须进行约界操作,将那些不太可能发展成为重要失效树分枝的失效路径提前删除,以避免分枝规模的扩大。结构系统主要失效序列识别算法成功与否的关键在于能否建立合理、高效的约界准则和约界算法。采用的分枝-界限方法基本步骤如下:

(1)计算复合材料层合板结构中各单元层的可靠性指标和相应的失效概率。

(2)假设失效概率最大($P_{f\max}^1$)的单元层首先发生破坏,根据刚度退化准则修改相应层合板的刚度。

(3)根据修改后的刚度重新计算可靠性指标,重复第一步,直到系统全部失效,这样就确定了第一条失效序列。为了寻找第二条失效序列,在第二步时选择失效概率第二大的单元层发生破坏,完成以上的计算。为了确定主要的失效序列,需要设置一个比例系数,单元层的失效概率小于 $P_{f\max}^1$ 与该比例系数的乘积时就不再考虑。

在计算单元层的失效概率时，要建立各单元层的功能函数，可以通过相应的失效判据完成。例如，若采用二维 Hashin 准则，其功能函数表示如下：

基体开裂：

$$\begin{cases} g_{\mathrm{m}} = 1 - \left(\dfrac{\sigma_2}{Y_{\mathrm{t}}}\right)^2 + \left(\dfrac{\tau_{12}}{S}\right)^2, & \sigma_2 > 0 \\ g_{\mathrm{m}} = 1 - \left(\dfrac{\sigma_2}{Y_{\mathrm{c}}}\right)^2 + \left(\dfrac{\tau_{12}}{S}\right)^2, & \sigma_2 \leqslant 0 \end{cases} \tag{8-23a}$$

基纤剪切：

$$g_{\mathrm{mf}} = 1 - \left(\frac{\sigma_1}{X_{\mathrm{c}}}\right)^2 + \left(\frac{\tau_{12}}{S}\right)^2, \quad \sigma_1 \leqslant 0 \tag{8-23b}$$

纤维断裂：

$$\begin{cases} g_{\mathrm{f}} = 1 - \left(\dfrac{\sigma_1}{X_{\mathrm{t}}}\right)^2, & \sigma_2 > 0 \\ g_{\mathrm{f}} = 1 - \left(\dfrac{\sigma_1}{X_{\mathrm{c}}}\right)^2, & \sigma_2 \leqslant 0 \end{cases} \tag{8-23c}$$

式中：g_{m}、g_{mf}、g_{f} 分别为基体开裂、基纤剪切和纤维断裂的功能函数；σ_1、σ_2、τ_{12}分别为沿纤维方向、垂直于纤维方向的应力以及基体和纤维间的剪切应力；X_{t}、X_{c} 分别为纤维方向的拉伸和压缩强度；Y_{t}、Y_{c} 分别为垂直于纤维方向的拉伸和压缩强度；S 为基体和纤维间的剪切强度。

8.3　基于概率渐进失效分析的复合材料结构可靠性评估

8.3.1　复合材料可靠性评估模型

通过复合材料结构概率渐进失效分析得到复合材料结构的主要失效序列，复合材料结构可靠性评估通过主要失效序列的失效概率来评价。假设第 k 条失效序列有 m 个失效事件，构成一个并联系统，根据式(8－4)，失效概率表示为它的基本事件的交集的概率，即

$$P_f^k = P\left(\bigcap_{j=1}^{m} E_j^k\right) \tag{8-24}$$

式中：E_j^k 为第 k 条失效序列中的第 j 个失效事件。也可以根据式(8－7)计算出它的上下界。

对于复合材料结构，通常存在一个或两个组件，与其他组件相比有非常小的失效概率，这在后面的算例中会看到。这种情况下，可以采用一个更简单的算式来近似联合概率[257]，即

$$P\left(\bigcap_{j=1}^{m} E_j^k\right) \leqslant P(E_1 \cap E_2) \tag{8-25}$$

式中：E_1、E_2 为失效序列中发生可能性最小的事件。一般情况下，部分失效事件是相关的，公式中联合概率的计算是困难的。尤其对复合材料，它的基本随机变量通常是非正态的，极限功能函数是非线性的。针对此问题设计了一个近似方法，如图 8-4 所示。联合失效区域用 y_{12}^* 点的超平面近似分界，该点是联合失效面离原点最近的点，在 Y 空间极限状态曲面 $G_1(y)=0$ 和 $G_2(y)=0$ 的交集上。问题变为含约束最小优化问题，如下：

$$\begin{aligned} &\min \quad \sqrt{Y^{\mathrm{T}}Y} \\ &\text{s.t.} \quad G_1(Y)=0, G_2(Y)=0 \end{aligned} \tag{8-26}$$

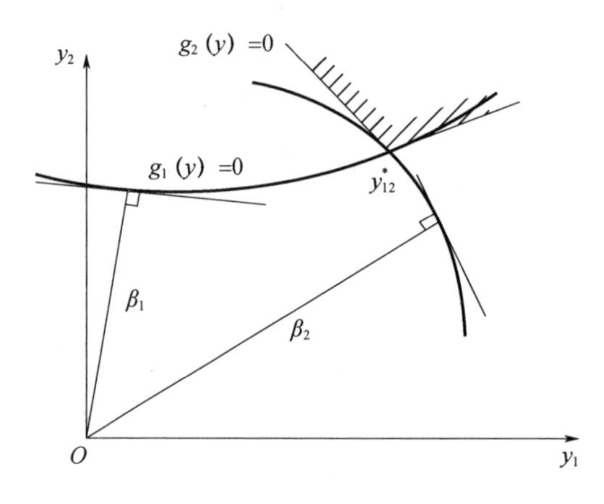

图 8-4　联合失效事件的二阶逼近

通过求解以上优化问题找到 y_{12}^* 点后，将极限状态曲面 $g_1(y)=0$ 和 $g_2(y)=0$ 在 y_{12}^* 点进行线性处理，两极限状态之间的相关系数 ρ_{12} 可以用极限状态曲面在 y_{12}^* 点的两个单位向量 $\boldsymbol{\alpha}_1$ 和 $\boldsymbol{\alpha}_2$ 表示：

$$\rho_{12} = \sum_{r=1}^{n} \boldsymbol{\alpha}_{1r}\boldsymbol{\alpha}_{2r} \tag{8-27}$$

式中：$\boldsymbol{\alpha}_{1r}$、$\boldsymbol{\alpha}_{2r}$ 为类似于公式中定义的梯度；n 为随机变量的数目。这样，联合失效概率采用二维标准正态累积分布计算：

$$P(E_1 \cap E_2) = \boldsymbol{\Phi}(-\beta_1, -\beta_2, \rho_{12}) \tag{8-28}$$

如果确定了 l 条主要失效序列，那么整个系统是由 l 条主要失效序列构成的串联系统，根据式(8-5)，其失效概率 P_f 可近似为

$$\max_{k=1,l} P_f^k \leqslant P_f \leqslant \sum_{k=1}^{l} P_f^k \tag{8-29}$$

8.3.2 典型算例及结论

8.3.2.1 典型算例

研究一个典型的 T300/5208 层板，铺层顺序为[90/±45/0]，每层厚度为 0.25mm，层板系统受力如图 8-5 所示。强度参数 X_T、X_C、Y_T、Y_C、S，载荷 $\{N\}$、$\{M\}$ 均视为基本随机变量。假设强度参数服从韦布尔分布，载荷 $\{N\}$ 和 $\{M\}$ 服从 I 型的极值分布。

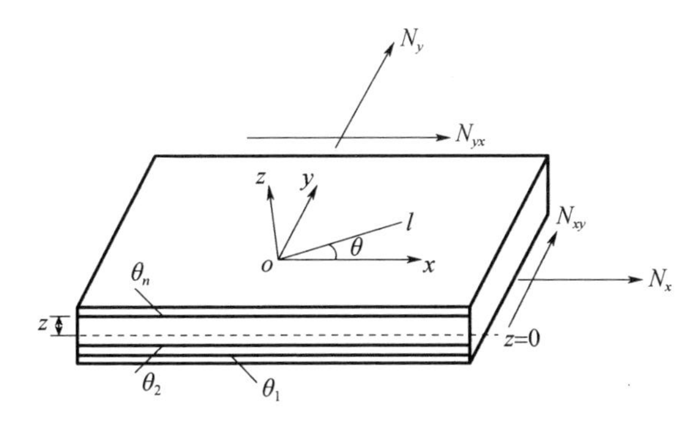

图 8-5 复合材料层板结构

在寻求主要失效序列的分枝-界限法中，需设置的比例系数取为 0.3，失效概率大于最大组件失效概率 0.3 倍的组件被保留进一步研究，其他的被删除。对于层板[90/±45/0]，有 4 个不同方向的铺层，每个铺层有 2 个基本事件(基体开裂、纤维断裂)，这样有 8 个基本事件。用铺层方向和失效(损伤)事件的类型对基本失效事件进行标识，例如：90M 表示 90°层的基体开裂事件，45F 表示 45°层纤维断裂事件。

1. 面内拉伸载荷情况

本算例中，仅施加轴向载荷 N_x，且垂直于轴向均匀分布，均值为 300.0kN/m，变异系数为 0.10。在初始状态，层板是完好的。计算了所有 8 个组件的失效概率，如表 8-2 所列。可以清楚地看到，组件 90M 有最大的失效概率 $P_{f\max}^1=0.655$。将其他组件的失效概率值与取舍值(0.3×0.655)比较，可知当第一个组件失效时，只有组件 90M 可以被分枝。

表 8－2　初始状态组件的失效概率

组件	失效概率	β	操作
90M	0.655	-0.398	分枝
45M	0.088	1.355	约界
-45M	0.088	1.355	约界
0F	4.135×10^{-7}	4.929	约界
0M	3.347×10^{-7}	4.970	约界
45F	3.626×10^{-20}	9.135	约界
-45F	3.626×10^{-20}	9.135	约界
90F	2.576×10^{-22}	9.645	约界

组件 90M 失效后，90°层的刚度分量 E_2 和 G_{12} 减为零，对损伤的结构重新进行分析。计算剩下 7 个组件的失效概率，如表 8－3 所列。组件 45M（或－45M）有最大的失效概率 $P_{f\max}^2=0.134$，被选为第二阶段失效的组件。

表 8－3　第一阶段组件的失效概率

组件	失效概率	β	操作
45M	0.134	1.106	分枝
-45M	0.134	1.106	分枝
0F	1.125×10^{-6}	4.730	约界
0M	1.022×10^{-6}	4.749	约界
45F	8.731×10^{-20}	9.028	约界
-45F	8.731×10^{-20}	9.028	约界
90F	6.737×10^{-20}	9.546	约界

本例中组件 45M 和－45M 是对称的，取组件 45M 作为代表，即组件 45M 继组件 90M 之后失效。与组件 45M 相关的刚度矩阵分量被修改。重新进行结构分析与失效概率计算，如表 8－4 所列。

表 8－4　第二阶段组件的失效概率

组件	失效概率	β	操作
-45M	0.243	0.696	分枝
0F	5.790×10^{-6}	4.386	约界

（续）

组件	失效概率	β	操作
0M	4.053×10^{-6}	4.436	约界
45F	2.596×10^{-19}	8.908	约界
-45F	5.488×10^{-19}	8.908	约界
90F	7.841×10^{-21}	9.288	约界

由表 8-4 知，组件 -45M 显然是下一个失效的组件。在 90M、45M、-45M 依次失效后，对损伤的结构重新进行应力分析和失效概率计算，结果如表 8-5 所列。有两个可能的失效路径：0F 和 0M，首先选择组件 0F 失效。相应地，该层的刚度分量 E_1 减为 0。再次计算失效概率如表 8-6 所列。

表 8-5　第三阶段组件的失效概率

组件	失效概率	β	操作
0F	3.126×10^{-5}	4.003	分枝
0M	1.692×10^{-5}	4.146	分枝
45F	1.659×10^{-19}	8.958	约界
-45F	1.659×10^{-19}	8.958	约界
90F	1.352×10^{-19}	8.980	约界

表 8-6　第四阶段组件的失效概率

组件	失效概率	β	操作
-45F	0.0526	1.626	分枝
45F	0.0526	1.626	分枝
90F	0.0283	1.907	分枝
0M	1.620×10^{-16}	8.164	约界

通过检查总体刚度矩阵，可以看到系统在第五阶段发生破坏。剩下的组件中任何一个组件的失效都会导致系统失效。这样两个完整的失效序列被识别出来，即

$$90M\rightarrow45M\rightarrow-45M\rightarrow0F\rightarrow90F$$

$$90M\rightarrow45M\rightarrow-45M\rightarrow0F\rightarrow45F(-45F)$$

在第四阶段，从组件 0M 开始，重复以上程序，可以得到其他的失效序列，最终共识别出四个主要失效序列，如图 8-6 所示。

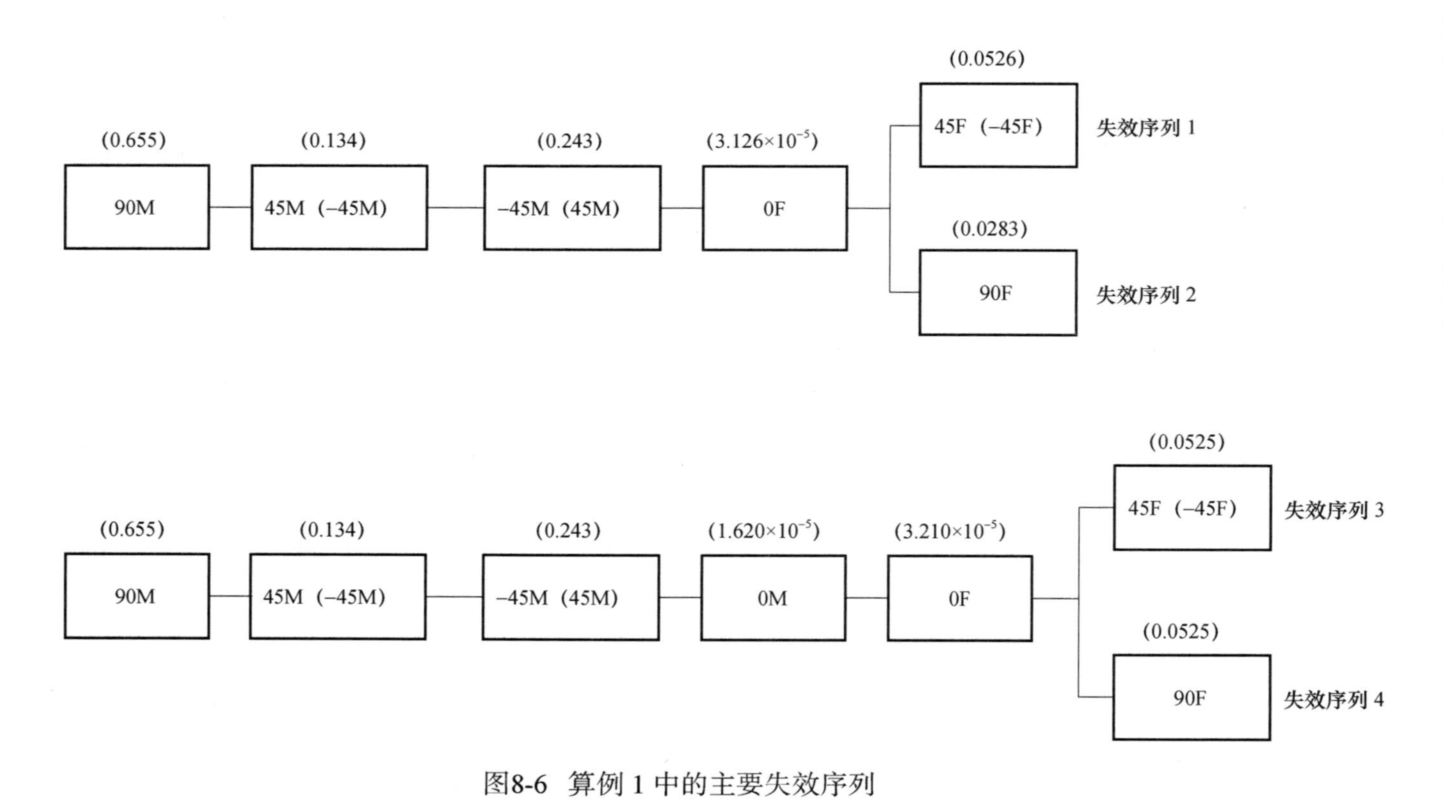

图8-6 算例 1 中的主要失效序列

根据二阶界限理论，可以利用每个失效序列中失效概率最小的两个组件近似评估序列的失效概率，求得线性化极限状态平面在失效面交点 y_{12}^* 处的单位梯度向量 α_1 和 α_2，并计算相关系数 ρ_{12}。最后，得到每一个序列的失效概率，结果如表 8-7 所列。

根据式(8-29)，系统的失效概率界限为

$$0.313\times10^{-4}\leqslant P_f\leqslant0.720\times10^{-4}$$

相应系统可靠性指标的界限为

$$3.800\leqslant\beta^s\leqslant4.003$$

本算例中，如果采用首层失效假设进行可靠性评估，其失效概率为 0.655，远远大于采用最终层假设得到的系统失效概率的下限值 0.313×10^{-4}，说明采用首层失效假设是保守的；若采用第一个纤维失效模式发生作为系统失效的判据，发现得到的失效概率值也为 0.313×10^{-4}，这说明纤维的失效对系统的失效贡献很大。

表 8-7　所有序列失效概率的计算

序列编号	两个最不可能发生的事件	梯度 α_i				ρ_{12}	P_f
		X_T	X_C	Y_T	N_x		
1	0F	-0.841	0.0	0.0	0.541	1.00	0.313×10^{-4}
	45F	-0.873	0.0	0.0	0.486		
2	0F	-0.832	0.0	0.0	0.554	0.276	0.690×10^{-4}
	90F	0.0	-0.867	0.0	0.497		
3、4	0M	-0.847	0.0	0.022	0.531	1.00	0.169×10^{-4}
	0F	-0.844	0.0	0.0	0.534		

2. 广义面内载荷情况

本算例中，层板受广义面内载荷 $\{N_x, N_y, N_{xy}\}$ 作用，均值分别为{280，30，140}kN/m，变异系数均为 0.10。分析过程与算例 1 的基本相同，如下：

在第一阶段层板处于完好状态。所有 8 个组件的失效概率如表 8-8 所列，组件 -45M 有最大的失效概率 $P_{f\max}^1=0.975$。其他组件的失效概率与取舍值(0.3×0.975)相比，看到仅仅组件 -45M 作为第一个失效的组件进行分枝。

表 8 - 8　初始状态组件的失效概率

组件	失效概率	操作
-45F	0.975	分枝
90M	0.266	约界
0M	7.049×10^{-3}	约界
45M	2.947×10^{-3}	约界
45F	2.743×10^{-8}	约界
0F	2.037×10^{-8}	约界
-45F	1.399×10^{-21}	约界
90F	2.792×10^{-25}	约界

组件 -45M 失效后，-45°层的刚度分量 E_2 和 G_{12}减为 0，对损伤结构重新分析。计算剩下的 7 个组件的失效概率，如表 8 - 9 所列。组件 90M 有最大的失效概率 $P_{f\max}^2 = 0.979$，第二阶段组件 90M 被选为第二个失效的组建。

表 8 - 9　第一阶段组件的失效概率

组件	失效概率	操作
90M	0.979	分枝
0M	1.186×10^{-2}	约界
45M	8.296×10^{-3}	约界
0F	1.286×10^{-7}	约界
45F	7.878×10^{-8}	约界
-45F	3.286×10^{-21}	约界
90F	1.426×10^{-24}	约界

在组件 90M 继组件 -45M 失效之后，进行相应的刚度修改对结构重新分析与计算失效概率，如表 8 - 10 所列。此时，有两个可能的失效路径（0M 和 45M）。首先，选择组件 0M 失效，该层板的刚度矩阵的分量相应减为零，失效概率计算结果如表 8 - 11。

表 8 - 10　第二阶段组件的失效概率

组件	失效概率	操作
0M	0.032	分枝
45M	0.016	分枝
45F	8.605×10^{-7}	约界

（续）

组件	失效概率	操作
0F	3.866×10^{-7}	约界
-45F	2.841×10^{-20}	约界
90F	3.990×10^{-24}	约界

从表 8-11 可以看到，组件 45M 显然为下一个失效的组件。在组件 -45M、90M、0M 和 45M 相继失效后，重新对结构进行分析与计算，结果如表 8-12 所列。可以看到，此阶段有两个组件可能失效，45F 和 0F。表 8-13 给出了组件 45F 失效时剩下组件的失效概率。

表 8-11　第三阶段组件的失效概率

组件	失效概率	操作
45M	0.019	分枝
45F	4.242×10^{-6}	约界
0F	3.813×10^{-7}	约界
-45F	6.717×10^{-19}	约界
90F	3.317×10^{-24}	约界

表 8-12　第四阶段组件的失效概率

组件	失效概率	操作
45F	4.368×10^{-6}	分枝
0F	1.730×10^{-6}	分枝
-45F	9.676×10^{-19}	约界
90F	7.576×10^{-23}	约界

表 8-13　第五阶段组件的失效概率

组件	失效概率	操作
0F	0.782	分枝
-45F	0.028	约界
-90F	1.876×10^{-9}	约界

通过检查整体刚度矩阵，看到在第六阶段系统发生破坏。剩下的组件中任何一个组件的失效都会导致系统失效。这样，识别出四个主要失效序列，如图 8-7 所示。

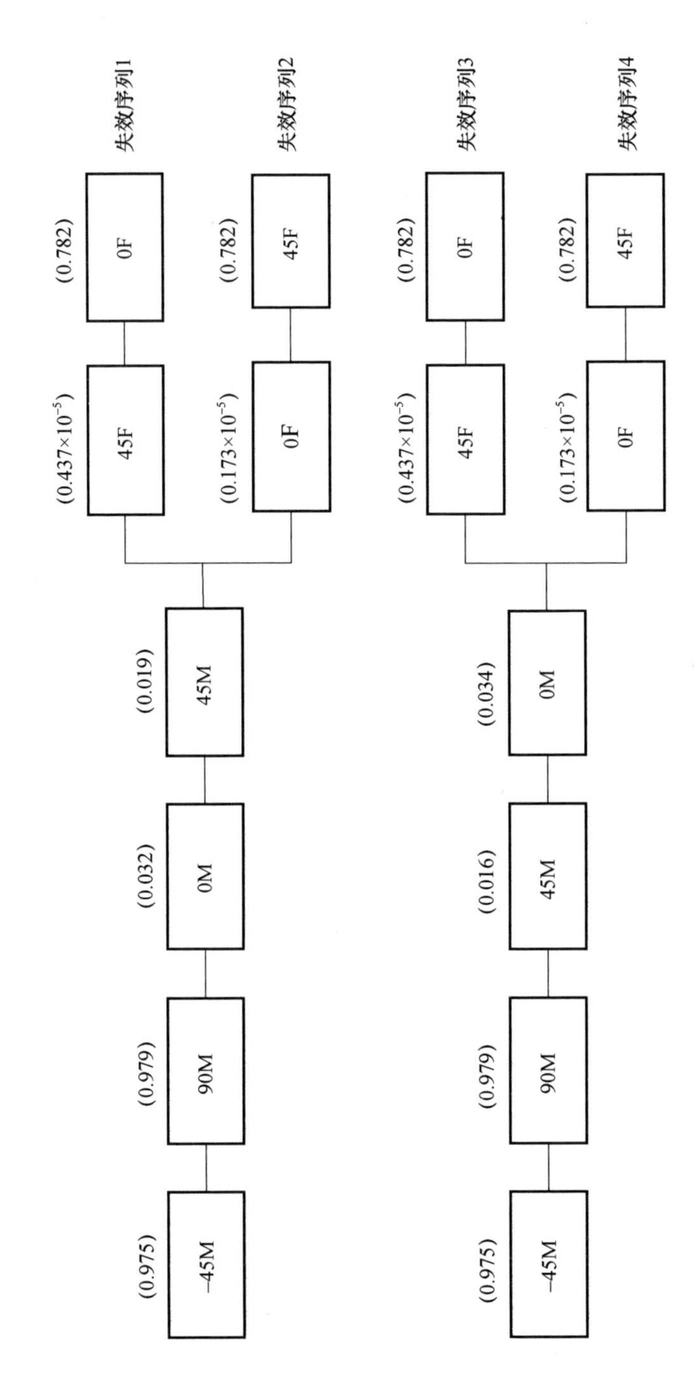

图8-7 例2中的主要失效序列

表 8－14 给出了单个序列失效概率的计算结果，最终结果如表 8－15 所列。系统失效概率的界限为

$$0.435\times10^{-5}\leqslant P_{\mathrm{f}}\leqslant0.121\times10^{-4}$$

相应系统可靠性指标的界限为

$$4.223\leqslant\beta^{s}\leqslant4.448$$

本算例中，基于首层失效假得到的失效概率为 0.975，同样远远大于基于最终层失效假设得到的系统失效概率的下限值 0.435×10^{-5}，说明采用首层失效假设是保守的；若采用第一个纤维失效模式发生作为系统失效的判据，得到的失效概率值分别为 0.437×10^{-5} 和 0.173×10^{-5}，与系统失效概率的下限值在同一数量级，同样说明纤维的失效对系统的失效贡献很大。

表 8－14　单个序列失效概率的计算

事件	梯度 α_i				ρ_{12}	P_f
	X_{T}	S	N_x	N_{xy}		
0M	-0.77	-0.39	0.35	0.34	0.87	0.44
45F	-0.96	0.00	0.11	0.23		
0M	-0.88	0.00	0.47	0.00	1.00	0.17
0F	-0.88	0.00	0.47	0.00		
45M	-0.92	-0.12	0.30	0.18	0.97	0.44
45F	-0.96	0.00	0.11	0.23		
45M	-0.88	-0.10	0.41	0.07	0.97	0.17
0F	-0.94	0.00	0.33	0.00		

表 8－15　所有序列失效概率的计算结果

序列编号	两个最不可能发生的事件	梯度 α_i				ρ_{12}	P_f
		X_{T}	S	N_x	N_{xy}		
1	0M	-0.733	-0.392	0.350	0.339	0.865	0.435×10^{-5}
	45F	-0.966	0.0	0.116	0.231		
2	0M	-0.881	0.0	0.472	0.0	1.00	0.172×10^{-5}
	0F	-0.880	0.0	0.473	0.0		
3	45M	-0.921	-0.122	0.303	0.183	0.968	0.435×10^{-5}
	45F	-0.966	0.0	0.115	0.232		
4	45M	-0.880	-0.103	0.416	0.067	0.968	0.172×10^{-5}
	0F	-0.942	0.0	0.335	0.0		

3. 横向载荷情况

本算例涉及的是一个受均匀压力 p_0 作用的简支正交平板,其材料为典型的 T300/5208,铺层关于中面对称,其结构参数如图 8-8 所示。一共有 18 个基本随机变量,分别为强度参数 X_T、X_C、Y_T、Y_C、S_{12}、S_{23},材料性能 E_1、E_2、E_3、G_{12}、G_{23}、G_{31} 和 v_{12},载荷 p_0,其他参数(铺层方向和厚度)。表 8-16 给出了它们的统计特性。

为了演示的需要,所有的变量假设服从正态分布。这不是方法的限制,其他分布类型也可以用。

采用有限元软件 ANSYS 进行结构分析,用一阶可靠性方法(FORM)对层级失效模式的可靠性进行评估。整个复合材料平板看作是一个结构系统,层级失效模式(基体开裂、纤维断裂、分层)为组件。

选择 8 节点壳体单元 SHELL99 进行有限元建模。该单元能够模拟 100 个不同的材料层,每个节点有 6 个自由度:x、y、z 方向的平移和关于 x、y、z 轴的转动。由于几何、材料方向、载荷和边界条件的对称性,取平板的 1/4 建模。网格划分如图 8-9 所示,经验证该网格密度下平板中心挠度的计算结果能够达到足够的精度。

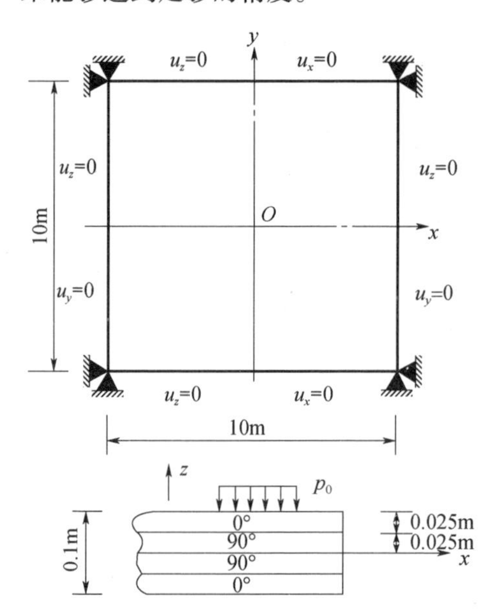

图 8-8 横向载荷作用下的复合材料平板(u_x、u_y、u_z 分别表示 x、y、z 方向的位移)

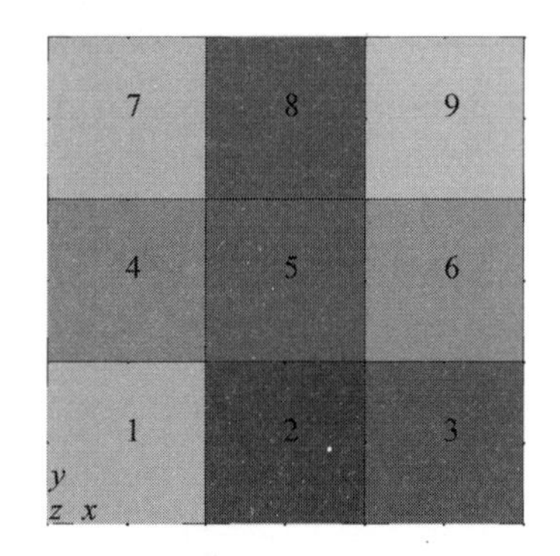

图 8-9 用 SHELL99 单元建立的有限元模型(3×3 网格)

表 8 - 16　基本随机变量的统计特性

序号	符号	均值	变异系数
1	X_T/MPa	1500	0.10
2	X_C/MPa	1500	0.10
3	Y_T/MPa	40	0.10
4	Y_C/MPa	246	0.10
5	S_{12}/MPa	68	0.10
6	S_{23}/MPa	68	0.10
7	$E_1/(N/m^2)$	181000	0.10
8	$E_2/(N/m^2)$	10300	0.10
9	$E_3/(N/m^2)$	10300	0.10
10	$G_{12}/(N/m^2)$	7170	0.10
11	$G_{23}/(N/m^2)$	7170	0.10
12	$G_{31}/(N/m^2)$	7170	0.10
13	v_{12}	0.28	0.10
14	$p_0/(N/m^2)$	0.15	0.10
15	θ_1	0°	2°
16	θ_2	90°	2°
17	t_1/m	0.025	0.10
18	t_2/m	0.025	0.10

采用修改后的 Tsai - Wu 准则作为失效判据,考虑三种层板失效模式:纤维断裂、基体开裂和分层。对有限单元、层和失效模式进行编号,如表 8 - 17 所列。采用 R - F 改进的一次二阶矩法计算每个组件的失效概率,用分枝 - 界限方法寻找主要失效序列,取比例系数为 0.5。认为平板整个宽度发生纤维断裂时,系统失效(结构破坏)。

表 8－17　组件编号

层	组件编号	单元号	失效模式	层	组件编号	单元号	失效模式
(0°)	①	1	F	(90°)	㉘	1	F
	②	1	M		㉙	1	M
	③	1	D		㉚	1	D
	④	2	F		㉛	2	F
	⑤	2	M		㉜	2	M
	⑥	2	D		㉝	2	D
	⑦	3	F		㉞	3	F
	⑧	3	M		㉟	3	M
	⑨	3	D		㊱	3	D
	⑩	4	F		㊲	4	F
	⑪	4	M		㊳	4	M
	⑫	4	D		㊴	4	D
	⑬	5	F		㊵	5	F
	⑭	5	M		㊶	5	M
	⑮	5	D		㊷	5	D
	⑯	6	F		㊸	6	F
	⑰	6	M		㊹	6	M
	⑱	6	D		㊺	6	D
	⑲	7	F		㊻	7	F
	⑳	7	M		㊼	7	M
	㉑	7	D		㊽	7	D
	㉒	8	F		㊾	8	F
	㉓	8	M		㊿	8	M
	㉔	8	D		51	8	D
	㉕	9	F		52	9	F
	㉖	9	M		53	9	M
	㉗	9	D		54	9	D

注:F——纤维断裂;M——基体开裂;D——分层。

图 8－10 和图 8－11 为第一个失效序列中结构的损伤情况。可以看到,复合材料平板的损伤是从某些层合单元的基体开裂开始的,一定的损伤累积后产生第一个纤维断裂损伤。在第一个纤维断裂产生后,组件的失效概率变大,结构的损伤加快;当第二个纤维断裂发生,组件的失效概率更大,结构的损伤进一步加快;当第三个纤维断裂,认为整个结构发生失效,因为此时纤维失效贯穿整个板的宽度。图 8－11 为组件失效概率随结构损伤累积的变化情况。

可以看到,每个纤维失效之后,下一个组件的失效概率出现明显的增加,这与纤维失效是导致整体结构系统快速失效的主要事件的事实是一致的。

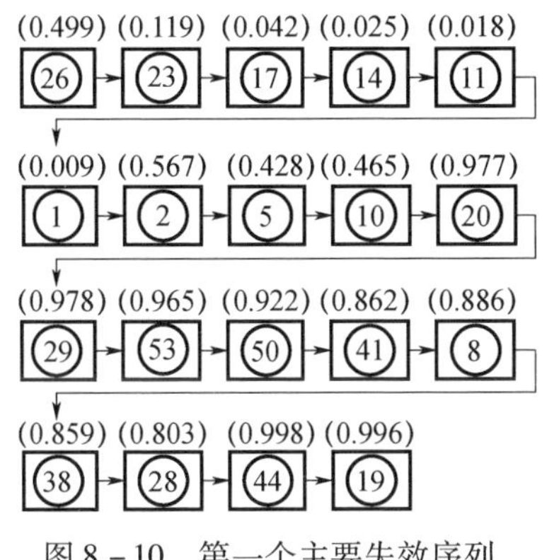

图 8-10　第一个主要失效序列

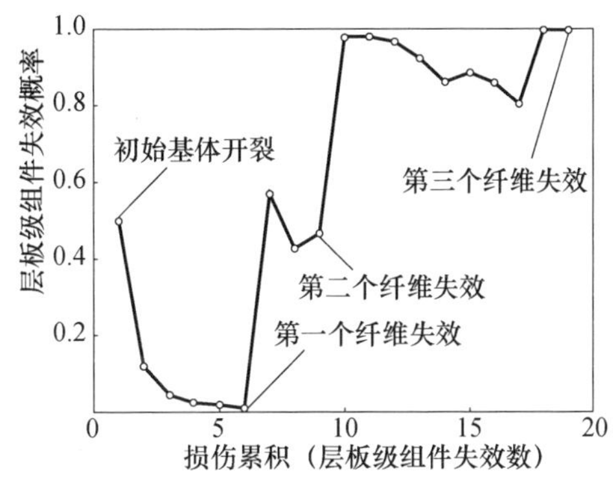

图 8-11　层板级组件失效概率随损伤累积的变化

其他的主要失效序列与第一个失效序列非常相似,它们含有共同的组件,只是在失效组件的排列顺序上有轻微的差别。这说明这些失效序列之间有强的相关性,可以采用最弱链模型合理简化。因此,系统失效概率可以用第一个失效序列的概率近似。

从图 8-10 可以看到,编号为㉓、⑰、⑭、⑪、①的组件与其他组件相比有较低的失效概率。因此,仅仅通过考虑这五个失效概率最小的组件对整个失效序列进行概率评估将有足够的精度。计这五个组件为事件 1、2、3、4、5,则对应的五个极限状态的相关矩阵为

$$\rho_{ij}=\begin{bmatrix}1 & & & & \\ 0.98 & 1 & & \text{对称} & \\ 0.92 & 0.95 & 1 & & \\ 0.75 & 0.73 & 0.86 & 1 & \\ 0.61 & 0.63 & 0.69 & 0.62 & 1\end{bmatrix}$$

相应的独自的和联合失效概率为

$$P_{ij}=\begin{bmatrix}1.192\times10^{-1} & & & & \\ 5.105\times10^{-2} & 4.244\times10^{-2} & & \text{对称} & \\ 2.631\times10^{-2} & 2.392\times10^{-2} & 2.488\times10^{-2} & & \\ 1.482\times10^{-2} & 9.903\times10^{-3} & 1.130\times10^{-2} & 1.773\times10^{-2} & \\ 6.502\times10^{-3} & 4.527\times10^{-3} & 4.145\times10^{-3} & 2.803\times10^{-3} & 9.336\times10^{-3}\end{bmatrix}$$

根据式(8－24)和式(8－25),得到系统失效概率的二阶上界为

$$P_f \leqslant \min_{i \neq j} P(E_i \cap E_j) = 2.803 \times 10^{-3}$$

8.3.2.2 算例结果分析与结论

通过以上分析得出以下结论:

(1)对相同参数的层板,不同的载荷组合有不同的主要失效序列。这是因为,组件的失效概率依赖于组件的应力响应,而组件的应力响应随着载荷组合的变化而变化。

(2)主要失效序列图显示,通常基体开裂失效首先发生,然后发生纤维失效,这与实际试验观察一致。这说明,概率渐进失效分析能够正确模拟复合材料层板的实际破坏过程。

(3)序列失效概率的计算结果主要依赖于失效概率最小的事件,即最不可能失效事件,说明失效序列中组件间有强的相关性。

(4)最不可能失效的事件通常是第一个失效的纤维,之后各组件的失效概率迅速增大,直至结构系统破坏。可见,纤维失效是主导系统破坏的主要损伤模式。

(5)同一个载荷下的主要失效序列是非常相似的,表明主要失效序列之间存在强的相关性。因此,参考前面的讨论,系统失效概率非常接近 Cornell 一阶下界。

(6)与基于首层失效假定得到的系统失效概率值相比,采用概率渐进失效分析模型计算的失效概率远远小于前者,这说明基于首层失效假设的分析是保守的。

8.3.3 复杂结构概率渐进失效分析

前面建立的概率渐进失效分析模型,理论上适用于任何连续体结构系统。根据该模型中对系统和单元的定义,组成结构系统的“单元”的数目依赖于有限单元的数目、结构的铺层数以及损伤模式的数目,简单地讲可以认为是三者的乘积。实际应用中,对于稍微复杂的结构系统,例如纤维缠绕发动机壳体,应用概率渐进失效分析模型对其进行分析时:①“单元”的数目会很大;②需要反复地对系统的每个“单元”进行失效概率计算以及整个结构系统进行有限元分析,这样会产生巨大的计算机耗时,甚至无法实现。本节将针对概率渐进失效分析模型在复杂结构应用中遇到的计算机耗时巨大的问题,提出并应用一些具体、有效的技术以提高计算效率,使其能够实用化。

8.3.3.1 概率渐进失效分析模型的实用化技术

1. 快速分枝-界限法

在实际应用中,如果一个结构系统由大量的组件构成,若采用 8.3.2 节的分枝-界限法(以下称为"基本分枝-界限法")搜索主要失效序列,每个损伤阶段仅有一个组件失效,这样完成一个失效序列需要大量的步骤,从而使这种基本分枝-界限法在实际中的应用变得困难。采用以下策略可以加快枚举的过程。

由于不同组件的极限状态共享许多与载荷和材料属性相关的公共的随机变量,因此,在任何结构系统中组件的极限状态方程之间必然存在相关性,一个组件失效,那么与其高度相关的其他组件也会以高的概率随之失效。如果进行失效序列枚举时,在每个损伤阶段,代替仅有一个组件失效,几个相关性强的组件可以以组群的方式同时失效,在当前损伤状态下,可以选择具有最高失效概率的组件作为该组群的代表。失效组件组群的失效概率用代表组件的失效概率近似。同时,组群中所有组件根据其失效模式采用相应的失效准则进行处理,并对剩下的组件重新进行结构分析。其他的步骤与基本分枝-界限法相同。这种组群的观点可以大大减少损伤状态的数目,从而减少结构分析的次数,提高计算效率,而且计算机耗时的节省随着问题的规模增加。称该方法为快速分枝-界限法,具体实施方法如下。

在任何一个损伤阶段,假设 $k-1$ 个组件已经失效并且被删除,其余 $n-(k-1)$ 个组件依然完好,组件 k 需要扩展,则其他 $n-k$ 个组件用条件概率准则考察如下:

$$P(E_i/E_k) \geqslant \lambda_0, \quad i=k+1,k+2,\cdots,n \tag{8-30}$$

式中:λ_0 为给定的取舍值;E_k 为组件 k 的失效事件;E_i 为剩下的 $n-k$ 个组件中第 i 个组件的失效事件;$P(E_i/E_k)$ 为事件 E_k 发生的条件下事件 E_i 的概率。满足式(8-30)的组件被选择作为一个群组在下一阶段一起失效。该群组的失效概率近似等于该组中组件失效概率的最大值。

为了减少评估式(8-30)中条件概率的计算时间,可以采用如下公式:

$$P(E_i) \geqslant \lambda_0 P(E_k), \quad i=k+1,k+2,\cdots,n \tag{8-31}$$

式中:n 为考虑的极限状态的数目;$P(E_i)$、$P(E_k)$ 分别为单独事件 E_i 和 E_k 的概率。当第 i 和第 k 个极限状态之间的相关系数 ρ_{ik} 为 1 时(即完全相关),式(8-30)变成式(8-31)。当 $\rho_{ik}<1$ 时,由于 $P(E_i)$ 总是大于 $P(E_i \cap E_k)$,式(8-31)包含的失效区域大于式(8-30)包含的失效区域,换言之,满足式(8-30)的极限状态是满足式(8-31)的极限状态的一部分。通过式(8-31)

的过滤也有助于避免评估许多不必要的事件 E_i 和 E_k 的组合的联合概率积分。

式(8－30)中，λ_0 值越高，在快速分枝－界限组中的组件的失效数目越少。这样，$\lambda_0=1$ 时，快速分枝－界限法变为原始的基本分枝－界限法。相反，降低 λ_0 值将增加组中的组件失效数。有必要对每种结构进行数值研究，以确定 λ_0 的最优值。可以取 $\lambda_0=0.5$ 作为初始假设。

2. 最弱链模型

在 8.3.2 节中，对复合材料层合板的数值研究表明，各个不同的主要失效序列的失效组件列表是很相似的，说明这些失效序列之间有很强的相关性。因此，复合材料结构系统的失效概率的计算可以适用最弱链模型。这样，仅仅一个主要失效序列就可以对系统失效概率提供足够的评估，第一个主要失效序列被识别后就可以进行结构系统失效概率的计算。从而可以省去其他主要失效序列的识别以及与此相关的组件失效概率的计算和结构分析的工作，大大减少计算量。

3. 分枝点的确定性初步筛选技术

在进行失效序列枚举的过程中，任何组件都有可能成为当前阶段的分枝点，需要计算每个组件的失效概率。对于有着大量组件的大型结构系统，这是非常耗时的。观察到：一般情况下，当随机变量取均值对结构进行分析时，有着较高失效概率的组件，其功能函数值等于 0（即 $g(X)=0$，临界失效状态）的可能性较大。因此，在均值处对结构进行确定性分析，通过选择那些 g 值低于某取舍值的组件（或者取 g 值排序在前的 n 个组件），作为失效序列中当前阶段的分枝点。这样可以避免对每个组件进行失效概率的计算，同时又由于该方法只是简单选择失效序列每个阶段的分枝点，没有改变失效序列概率意义上的枚举，不影响最终系统失效概率的计算。因此，该方法可以在不影响精度的情况下提高效率，具体实施方法为：①计算随机变量均值处各组件的极限状态值，并对该值进行排序，取排序在前 n 的组件作为最有可能失效的组件。②计算该 n 个组件的失效概率，其中仅仅具有最高概率的组件以及与之高度相关的组件组成的组件群组（参考快速分枝－界限法）作为失效序列当前阶段的分枝点。

4. 临界组群（组件）失效

严格地讲，一个结构系统的失效定义为整个结构的破坏。前面的研究表明，一个失效序列，从初始失效到系统的最终失效，包含有大量的组件。这样，即使寻找一个单独的完整的失效序列也是相当耗时的。这里设计了一个近似方法，以避免繁重的计算量。

从 8.3.2 节的算例可以看到，对于复合材料层合板结构，当发生第一个纤维失效之后，各组件的失效概率迅速增大，直至结构系统破坏，纤维失效成为主导系统破坏的主要模式。这样，可以假设，结构存在一个临界组群（或组件）。这个临界组群与其他在其之后失效的组群相比有较低的失效概率。一旦临界组群失效，那些有较高失效概率的组件将很容易失效。换言之，临界组群的失效离整个系统的失效并不远。这样，结构系统失效可以近似定义为临界组群的失效。

用临界组群的失效来近似系统失效的假设对复合材料结构是非常合理的。失效序列的整体概率为该序列的组群事件的交集的概率。几个事件的交集的概率主要决定于低概率的事件，这些事件通常出现在第一个临界失效之前。临界失效发生后，其他失效事件的概率是较高的，对整体失效序列的概率贡献不大。临界组群失效后，失效序列的枚举可以终止，这样大量计算工作可以避免，最终失效概率的预测也会有足够的精度。

5. 积分随机有限元技术

积分随机有限元技术是利用对随机变量的概率密度函数进行积分得到结构位移、应力和应变等响应的统计结果的一种随机分析技术。对于复杂几何形状以及材料非线性结构，其输入和响应之间通常不存在显式关系，一般通过数值积分方法来实现。例如可以采用高斯积分方法，它是一种精度很高的数值积分方法，在计算中利用较少的积分点即可达到较高的计算精度。这样，在保证计算精度的同时可以大大提高计算精度。

综合上述 5 种以提高计算效率为目的的实用化技术，对 8.2 节建立的概率渐近失效模型进一步完善，形成高效的概率渐进失效分析模型，整个流程如图 8 - 12 所示，具体流程如下：

（1）从完整结构开始。

（2）计算所有组件的功能函数值（g 函数），按照确定性初步筛选的方法，取排序在前 n 的组件作为最有可能失效的组件。

（3）采用积分随机有限元技术，计算被选组件的失效概率。根据组群的观点，采用快速分枝 - 界限法进行分枝和约界的操作。

（4）对步骤（3）中的分枝组群实施刚度退化准则。转入步骤（2）。

（5）重复步骤（2）~（4），直到临界组群失效发生。

（6）根据最弱链模型，可以利用一条主要失效序列，采用系统可靠性理论方法计算系统失效概率。

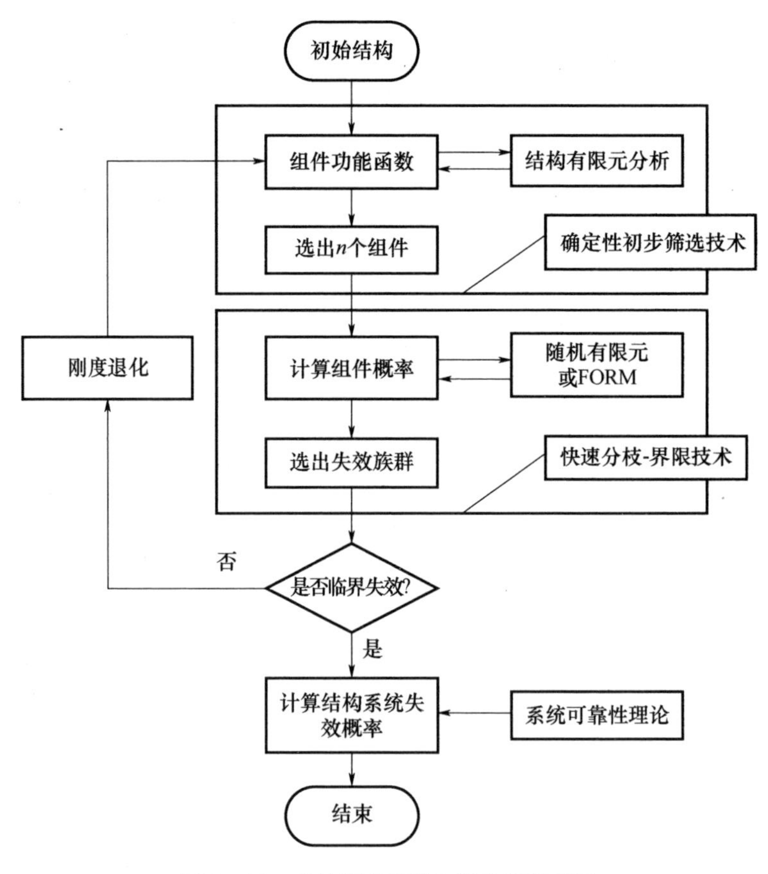

图 8-12　高效概率渐进失效分析流程图

8.3.3.2　含损伤复合材料结构概率渐进失效分析

复合材料结构在制造和处理过程中容易产生各种各样的细观、宏观缺陷,例如:夹杂、孔隙、夹渣、分层、纤维和基体分布不均匀等。缺陷的存在,使材料和结构在各种外界环境条件下,容易产生损伤,甚至导致结构破坏。复合材料及结构的损伤模式一般包括:基体开裂、分层、纤维断裂及纤维-基体界面分离(脱黏)。这些损伤模式可以通过无损检测技术识别表征,可用于复合材料的无损检测技术主要包括以下几项:光学无损检测、超声无损检测、声振检测、X 射线检测、声发射检测、电性能检测、微波检测。表 8-18 列出了几种常用无损检测技术在复合材料损伤检测中的原理、检测特征、优缺点及可以检测的失效模式。

表 8-18　基体材料检测技术

检测技术		X 射线技术	超声技术	声发射技术	热成像技术	声-超声技术	光纤技术
原理/检测特征		渗透的射线吸收不同	损伤引起的声阻抗的变化	收应力部件中的缺损产生应力波	画出整个试验区域温度分布	使用脉冲超声应力波激励	使用埋入材料内的光纤传感器
优点		胶片提供检测记录和数据	能渗透厚材料	远距离和连续监视、动态监测损伤扩展	迅速远距离测量不需接触部件	动态监测不需外施载荷，干法接触	可监测材料中的各种情况
缺点		昂贵，不能测出缺损深度	需水浸没或耦合剂	需在施加应力下监测	厚试样的分辨率差	表面接触对表面几何形状要求严格	埋入工艺复杂，难度大
可检测的失效模式	树脂开裂	有	有	有	有	有	有
	分层	有	有	有	有	有	有
	纤维断裂	有	有	有	无	有	有
	脱黏	有	有	有	有	有	有

对复合材料结构的损伤进行无损检测并表征之后，接下来的工作是评估，即对含损伤的复合材料结构进行可靠性评估。

在前面的章节中，根据刚度退化准则对复合材料结构系统在外载荷作用下发生损伤的单元进行刚度退化，以模拟结构局部单元的损伤，经验证该方法可行。基于此观点，可以在保持概率渐进失效分析模型的其他分析步骤不变的情况下，以无损检测方法对各种损伤模式进行检测和表征的结果为依据，根据刚度退化准则，对相对应的损伤部位的单元（组件）实施损伤模拟，通过此方法可以实现对含损伤复合材料结构的可靠性进行评估。

8.4　SRM 复合材料壳体概率渐进失效分析与可靠性评估

8.4.1　SRM 纤维缠绕壳体结构概述

某固体火箭发动机纤维缠绕壳体几何参数如图 8-13 所示。前封头有一个小的开口，传递有效载荷，其几何外形由两个不同半径和不同中心点的半球组成;后封头有一个较大的开口,与喷管相连,其外形也是由两个半球组成,类似于等应力封头。关键部位增强以及连接其他结构的需要,缠绕了复合材料裙体。在裙和封头之间有环氧树脂填充物,以传递应力。在金属接头和复合材料之间填充有三元乙丙橡胶,防止两者的分离以及隔离燃烧过程中产生的气体和热。

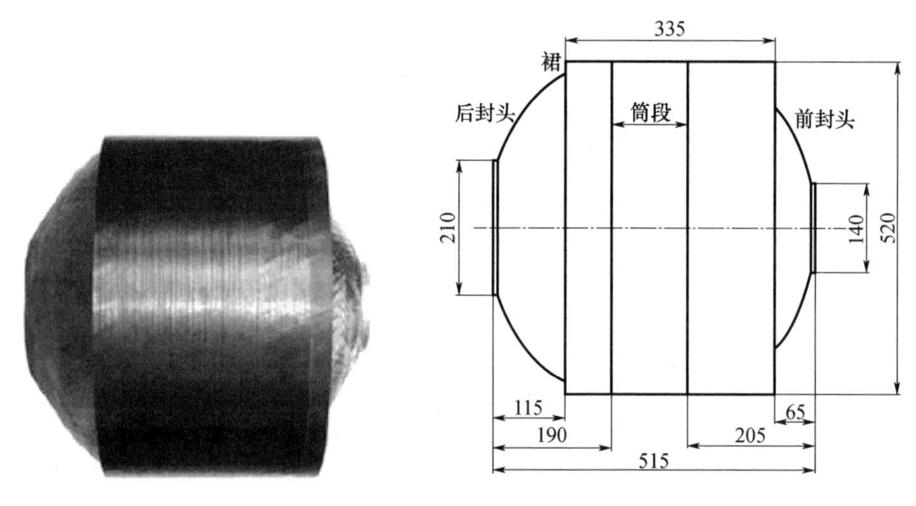

图 8-13　发动机壳体参数(单位:mm)

整个壳体结构由 T-800 碳纤维束和酚醛环氧树脂预浸料通过干法缠绕而成。封头部分采用螺旋缠绕,缠绕角度为 ±22°,共 12 层。圆筒部分,螺旋缠绕和环向缠绕相结合,具体缠绕方式为$[\pm 22_3/90_2/\pm 22_3/90_2]$,螺旋缠绕层每两层厚 0.198mm,环向缠绕层每层厚 0.168mm。前后裙的铺层分别为$[90_2/\pm 15_2/90_2/\pm 15_2/90_6]$和$[\pm 30_4/90_2/\pm 30_4/90_2]$,材料特性如表 8-19 所列。

表 8-19　T-800/环氧材料性能

模量	E_1	E_2,E_3	G_{12},G_{13}	G_{23}	v_{12},v_{13}	v_{23}
	142GPa	3.14GPa	4.69GPa	1.0GPa	0.33	0.45
强度	X_T	X_C	Y_T,Z_T	Y_C,Z_C	R,S,T	
	2687MPa	1441MPa	36.4MPa	70MPa	59.6MPa	

8.4.2 SRM 纤维缠绕壳体结构有限元建模与试验验证

考虑到几何结构以及载荷的对称性,取整个发动机壳体结构周向的

1.5°部分建立有限元模型,以 ANSYS 有限元软件为平台进行分析。其中两端的开口处的金属接头采用 SOLID45 单元,纤维缠绕壳体以及前后裙采用层单元 SOLID46,填充物部分采用 HYPER58 单元,有限单元网格如图 8-14 所示。对圆柱部分的中心节点处 Z 方向的位移进行约束,接头端部沿半径方向固定。

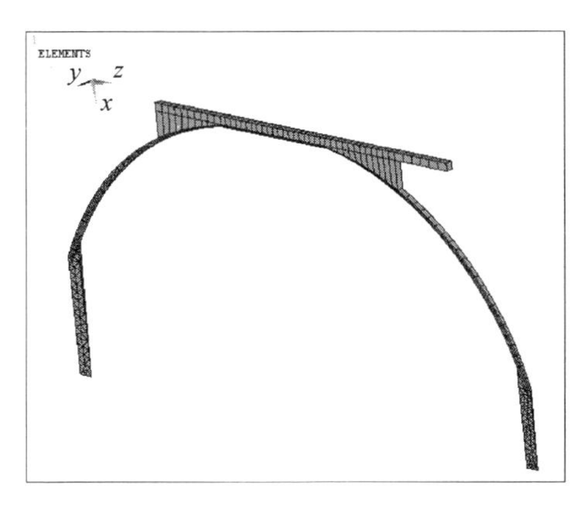

图 8-14　发动机壳体结构的有限单元模型

在对结构进行概率渐进分析之前,为了验证有限元模型的正确性,对发动机进行了水压试验,同时进行应变监测。在发动机壳体贴上 5mm 长的应变片,分两个通道,每通道 16 个,共 32 个应变监测点。除 2 个应变片沿纵向方向外,其他的都沿最外层的纤维方向。图 8-15 示出了应变片的位置。每个通道中,前封头安置 6 个应变片,后封头 5 个。圆筒段共安置 10 个,其中 8 个沿纤维方向或环向,2 个沿纵向。

试件和其他设备的连接关系如图 8-16 所示。每个应变片和压力传感器的信号用一个 A/D 转换器(LabVIEW 设备,PCI6110E)同时测量并存储在计算机中。施加的内压分几步逐步增加,考虑到渗漏的可能,对每个压力步进行保压。

图 8-17 同时绘出了内压为 6.895MPa 时,试验的应变监测值以及有限元模型的分析结果。可以看到:除了前开口区域外,其他所有区域应变的有限元分析结果与试验测试的结果符合得很好。这可能是因为应变片的安装位置有误差,或是由于开口端纤维堆积的量没有在分析中很好地预测。总的来讲,有限元的分析结果与试验观察的一致性很好,所建有限元模型可以用于结构的概率渐进分析。

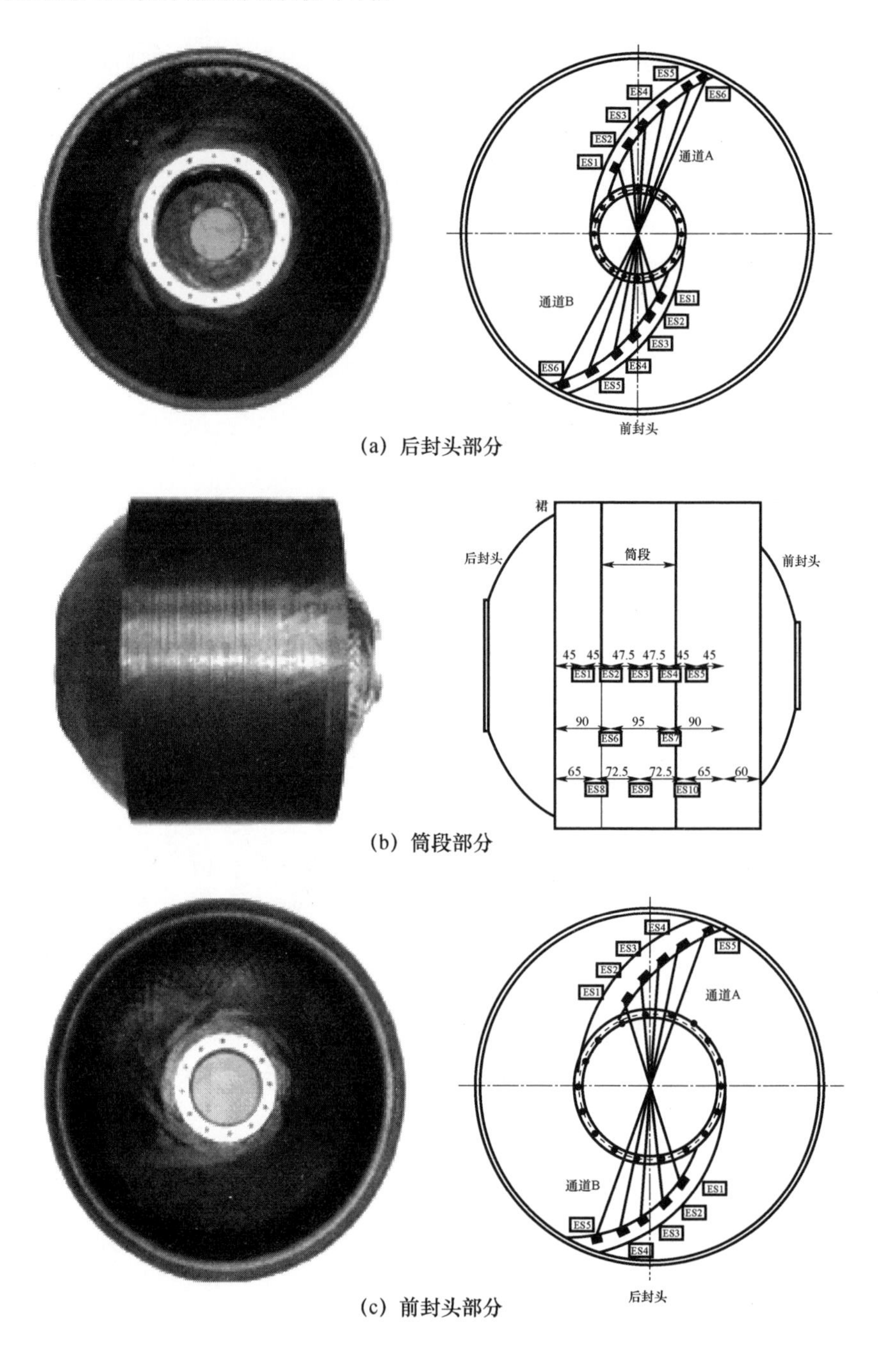

(a) 后封头部分

(b) 筒段部分

(c) 前封头部分

图 8－15　应变片粘贴位置

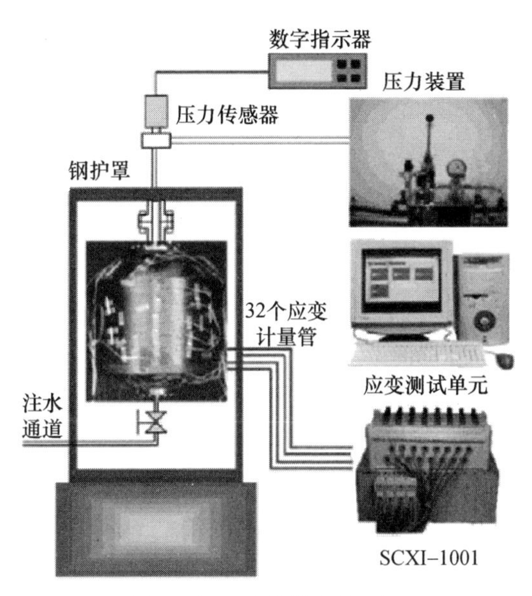

图 8-16　试验设备示意图

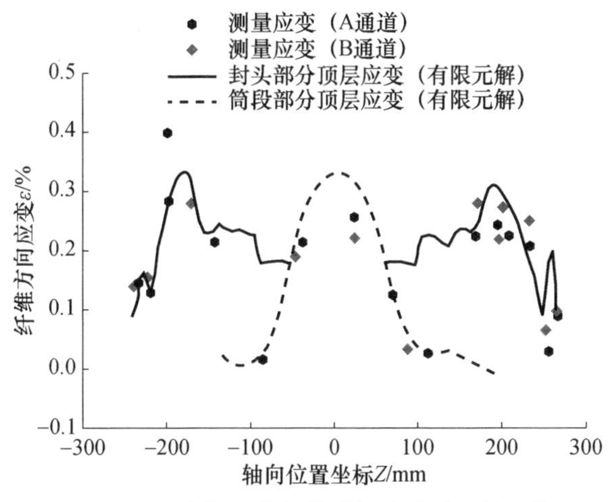

图 8-17　有限元分析结果与试验测试的比较

8.4.3　概率渐进失效分析与可靠性评估

采用第 8.3.3 节的方法对结构进行高效的概率渐进失效分析与可靠性评估。将材料的刚度特性、强度、复合材料单层厚度、缠绕角以及内压处理成随机变量。其中材料强度服从对数正态分布，其他随机变量服从正态分布,除缠绕角外变异系数均取为0.1,缠绕角的标准差取为2°。快速分枝-界限法中,λ_0 取0.4。根据最弱链模型,采用第一个被识别的主要失效序列进行最终强度失效概率的评估。层级失效模式按下列符号标识:例如,85_{2M} 代表第85号单元第2层发生基体开裂损伤模式;37_{1F} 代表第37号单元第1层发生纤维断裂损伤模式;69_{45D} 代表第69号单元第4层和第5层发生分层损伤模式。计算结果总结在表8-20中。

表8-20　不同损伤阶段的损伤情况与失效概率

损伤阶段	失效组件	失效概率
1	85_{2M},85_{4M},86_{4M},86_{2M}	0.2820
2	37_{2M},37_{4M},87_{4M},38_{2M},73_{2M},97_{4M}	0.0903
3	87_{5M},49_{4M},97_{3M},25_{4M},98_{2M}	0.0451
4	98_{4M},25_{2M},50_{4M},49_{2M},26_{4M},73_{4M},26_{2M},38_{4M}	0.0338
5	74_{2M},85_{234D},39_{2M},74_{4M},88_{4M},89_{2M},88_{2M},86_{234D}	0.0156
6	99_{4M},39_{4M},50_{2M}	0.0036
7	51_{4M},13_{2M},13_{4M}	0.0029
8	37_{234D},14_{4M},75_{2M},14_{2M},27_{4M},85_{1F},89_{4M},85_{5F}	0.0010

在每个损伤阶段,几个相关性强的组件被选择一起失效,如表8-20所列。在发生第一个纤维失效事件前,结构经历了8个损伤阶段。整个渐进失效过程中,损伤阶段的失效概率随着损伤的逐步累积而减小,直到第一个纤维失效事件发生。对第9损伤阶段也进行了概率分析,其代表失效概率增至0.028,这个值远远高于它前一损伤阶段的失效概率值。失效概率随组件失效数变化关系如图8-18所示,明显可以看出:第8损伤阶段的失效概率是最低的,该阶段首个纤维断裂发生失效,这之后其余组件的失效概率增加到相当高的值。说明这第一个纤维失效事件可能是结构系统的临界失效事件,这个临界失效事件之后结构将快速损伤直至破坏。根据临界组件失效技术,对于本章考察的应用实例,第一个纤维失效事件发生后,可以终止主要失效序列的搜索;对于其他结构,如果认为第一个纤维失效事件发生便终止主要失效序列的进一步搜索太保守,可以进一步搜索看是否有其他的失效概率更低的失效事件。

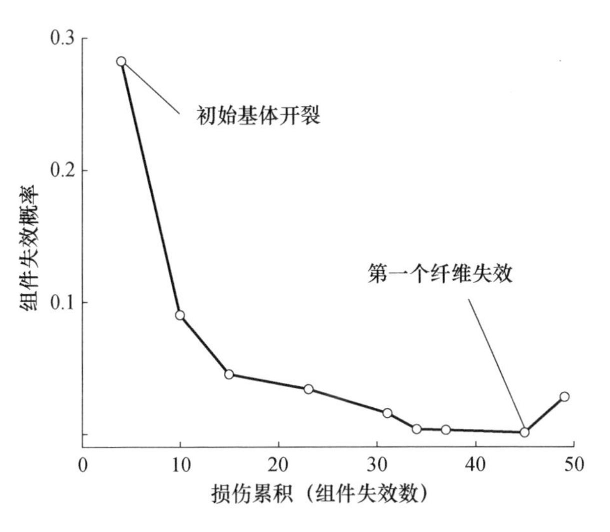

图 8-18 失效概率随组件失效数变化关系

在前 8 个损伤阶段中，第 6、第 7、第 8 损伤阶段的失效概率最低，对系统失效概率的贡献最大，与之相关的失效事件是最重要的，它们支配着系统的失效。这三个损伤阶段中代表事件的极限状态方程之间的相关系数矩阵为

$$[\rho_{ij}] = \begin{bmatrix} 1 & & \text{对称} \\ 0.99 & 1 & \\ 0.71 & 0.70 & 1 \end{bmatrix}$$

相应地，单个独立事件的失效概率，及两个事件的联合失效概率为

$$[P_{ij}] = \begin{bmatrix} 0.0036 & & \text{对称} \\ 0.0026 & 0.0029 & \\ 0.0003 & 0.0003 & 0.0001 \end{bmatrix}$$

其中，主对角项为单个独立事件的失效概率，其他项为两个事件的联合失效概率。

根据式(8-29)，得到系统失效概率的二阶上界为

$$P_f = 2.977 \times 10^{-4}$$

三阶上界为

$$P_f = 2.957 \times 10^{-4}$$

这两个结果非常接近，说明采用二阶界限理论计算系统失效概率可以得到足够的精度。

参考文献

[1] 陈普会,沈真,聂宏.复合材料层合板冲击后压缩剩余强度的统计分析与可靠性评估[J].航空学报,2004,25(6):573-576.

[2] Chen P H, Shen Z, Wang Y. A new method for compression after impact strength prediction of composite laminates[J]. Journal of Composite Materials,2002,36(5):589-610.

[3] 黄争鸣. 复合材料细观力学引论[M]. 北京:科学出版社,2004.

[4] Huang M, Li Y M. X-ray tomography image-based reconstruction of microstructural finite element mesh models for heterogeneous materials [J]. Computational Materials Science, 2016, 67:63-72.

[5] Adams D F, Crane D A. Finite element micromechanical analysis of a unidirectional composite including longitudinal shear loading[J], Computers Structures, 1987, 18(6): 1153-1165.

[6] Yang L, Yan Y, Liu Y, et al. Micoroscopic failure mechanisms of fiber-reinforced polymer composites under transverse tension and compression [J]. Composites Science and Technology, 2012, 72(15): 1818 - 1825.

[7] Yu M, Zhu P, Ma Y. Effects of particle clustering on the tensile properties and failure mechanisms of hollow spheres filled syntactic foams: A numerical investigation by microstructure based modeling[J]. Materials & Design, 2013, 47:80-89.

[8] Wang X Q, Zhang J F, Wang Z Q. Finite element simulation of the failure process of single fiber composites considering interface properties[J]. Composites: Part B, 2013, 45: 573-580.

[9] Zhang Y F, Xia Z H, Ellyin F. A 3D meso-scale analysis of angle-ply laminates[J]. Mechanics of Advanced Materials and Structures, 2014, 20(10): 801-810.

[10] Blassiau S, Thionnet A, Bunsell A R. Micromechanisms of load transfer in a unidirectional carbon fibre-reinforced epoxy composite due to fibre failure[J]. Composite Structures, 2008, 83: 312-323.

[11] Okabe T, Sasayama T, Koyanagi J. Micromechanical simulation of tensile failure of discontinuous fiber-reinforced polymer matrix composite using spring element model[J]. Composites:Part A,2014,56:64-71.

[12] Murari V, Upadhyay C S. Micromechanics based ply level material degradation model for

unidirectional composites[J]. Composite Structures, 2012, 94: 671 - 680.

[13] Aboudi J. Micro-failure prediction of the strength of composite materials under combined loading[J]. Journal of Reinforced Plastics and Composites, 1991, 10(5): 495 - 503.

[14] Arnold S M, Pindera M J. Influence of fiber architecture on the inelastic response of metal matrix composites[J]. International Journal of Plasticity, 1996, 12(4): 507 - 545.

[15] Acton K, Graham B L. Meso-scale modeling of plasticity in composites[J]. Computer Method in Applied Mechanics and Engineering, 2009, 198: 920 - 932.

[16] Orozco C E, Gan H. Viscoplastic response of multiphase composites using a strain-compatible volume-averaging method[J]. Composites: Part B, 2002, 33:301 - 313.

[17] Aboudi J. Micromechanical analysis of the finite elastic-viscoplastic response of multiphase composites[J]. International Journal of Solids and Structures, 2003, 40:2793 - 2817.

[18] Aboudi J. Micromechanically established constitutive equations for multiphase materials with viscoelastic-viscoplastic phases[J]. Mechanics of Time Dependent Materials, 2005, 9:121 - 145.

[19] Bednarcyk B A. Modeling woven polymer matrix composites with MAC/GMC[R]. NASA/CR, 2000.

[20] Craig S C. Hitemp materials and structural optimization technology transfer[R]. NASA/CR, 2001.

[21] Bednarcyk B A, Arnold S M. A framework for performing multiscale stochastic progressive failure analysis of composite structures[R]. NASA/TM, 2007.

[22] 孙志刚,宋迎东,高德平. 改进的二维高精度通用单胞模型[J]. 固体力学学报, 2006,26(2):236 - 239.

[23] 高希光,宋迎东,孙志刚. 陶瓷基复合材料高精度宏细观统一本构模型研究[J]. 航空动力学报,2008,23(9):1617 - 1621.

[24] 雷友锋. 纤维增强金属基复合材料宏 - 细观统一本构模型及应用研究[D]. 南京: 南京航空航天大学,2002.

[25] 沈创石,韩小平,和欣辉. 计及纤维交叉起伏影响的缠绕复合材料刚度分析[J]. 复合材料学报,2016(1):174 - 182.

[26] 和欣辉,韩小平. 缠绕复合材料起伏区域残余应力[J]. 材料工程,2016, 44(4):76 - 81.

[27] 温卫东,李俭,崔海涛,等. 缠绕线型对缠绕复合材料圆管轴向拉伸失效的影响[J]. 复合材料学报,2014,31(4):1084 - 1090.

[28] 贺鹏飞,王浩伟. 缠绕压力容器强度的细观力学研究[J]. 玻璃钢/复合材料, 1999(4):3 - 8.

[29] 陈汝训. 缠绕压力容器爆破压强计算[J]. 宇航材料工艺,2000,30(6):28 - 31.

[30] 陈汝训. 固体火箭发动机混杂缠绕壳体设计分析[J]. 宇航学报,2000,21(4):28 - 31.

[31] 胡宽,宋笔锋,常新龙. 基于网格理论的固体火箭发动机缠绕壳体优化设计[J]. 兵

工学报,2008,29(9):1099 - 1103.

[32] Onder A, Sayman O, Dogan T, et al. Burst failure load of composite pressure vessels[J]. Composite Structures, 2009, 89: 159 - 166.

[33] Kim C U, Kang I H, Hong C S, et al. Optimal design of filament wound structures under internal pressure based on the semi-geodesic path algorithm[J]. Composite Structures, 2005, 67: 443 - 452.

[34] 段登平,刘正兴,罗海安. 缠绕壳体材料非线性及大变形分析计算[J]. 复合材料学报,1999,16(1):143 - 149.

[35] 杨眉,陈秀华,伍春波. 固体火箭发动机缠绕复合材料壳体爆破渐进失效的数值模拟[J]. 机械工程材料,2012,36(11):92 - 96.

[36] Sjoblom P O, Hartness J T, Cordell T M. On low-velocity impact testing of composite materials[J]. Journal of Composite Materials, 1988, 22:30 - 52.

[37] Shivakumar K N, Elber W, Illg W. Prediction of low velocity impact damage in thin circular laminates[J]. AIAA Journal, 1985, 23(3):442 - 449.

[38] Cantwell W J, Morton J. The impact resistance of composite materials a review[J]. Composites, 1991, 22(5):347 - 362.

[39] Abrate S. Impact on laminated composite materials[J]. Applied Mechanical Research, 1991,44(4):155 - 190.

[40] Liu D, Malvem L E. Matrix cracking in impacted glass/epoxy plates[J]. Journal of Composite Materials, 1987,21: 594 - 609.

[41] Joshi S P, Sun C T. Impact-induced fracture initiation and detailed dynamic stress field in the vicinity of impact[C]. American Society of Composites 2nd technical conference, Newark, 1987.

[42] Robinson P, Davies G A O. Impactor mass and specimen geometry effects in low velocity impact of laminated composites[J]. International Journal of Impact, 1992,12(2):189 - 207.

[43] Choi H Y, Downs R J, Chang F K. A new approach toward understanding damage mechanisms and mechanics of laminated composites due to low-velocity impact: Part I-Experiments[J]. Journal of Composite Materials, 1991, 25(8):992 - 1011.

[44] Choi H Y, Wu H Y, Chang F K. A new approach toward understanding damage mechanisms and mechanics of laminated composites due to low-velocity impact: Part II-Analysis[J]. Journal of Composite Materials, 1991, 25(8):1012 - 1038.

[45] Morua F S F, Marques A T. Prediction of low velocity impact damage in carbon epoxy laminates[J]. Composites, 2002, 33:361 - 368.

[46] 沈真,张子龙,王进,等. 复合材料损伤阻抗和损伤容限的性能表征[J]. 复合材料学报,2004,21(5):140 - 145.

[47] 沈真,杨胜春,陈普会. 复合材料层合板抗冲击行为及表征方法的实验研究[J]. 复合材料学报,2008,25(5):125-133.

[48] 沈真,陈普会,唐啸东,等. 复合材料结构设计值和冲击损伤容限许用值 [J]. 航空学报,1993(12): 575-582.

[49] 沈真. 复合材料飞机结构损伤容限特性[J]. 航空学报,1988(2):1-10.

[50] 罗靓,沈真,杨胜春,等. 碳纤维增强树脂基复合材料层合板低速冲击性能实验研究[J]. 复合材料学报,2008,25(3):20-24.

[51] 程小全,吴学仁. 复合材料层合板低速冲击损伤容限的改进方法和影响因素[J]. 高分子材料科学与工程, 2002,18 (3):20-25.

[52] 程小全,张子龙,吴学仁. 小尺寸试件层合板低速冲击后的剩余压缩强度[J]. 复合材料学报,2002,19(6):8-12.

[53] 徐宝龙,虞吉林. 低速撞击下正交型纤维增强复合材料层板的脱层研究[J]. 实验力学,2004,19 (2):163-169.

[54] 郑晓霞,郑锡涛,沈真,等. 低速冲击与准静态压痕力下复合材料层合板的损伤等效性[J]. 航空学报,2010,31(5):928-933.

[55] Aminanda Y, Castanie B, Barrau J J, et al. Experimental and numerical study of compression after impact of sandwich structures with metallic skins[J]. Composite Science and Technology, 2009,69(1):50-59.

[56] Lee L J, Huang K Y, Fann Y J. Dynamic responses of composite sandwich plates Impacted by a rigid ball[J]. Journal of Composite Materials. 1993,27(13):1238-1256.

[57] 赵林虎,周丽. 复合材料蜂窝夹芯结构低速冲击位置识别研究[J]. 振动与冲击, 2012,31(2):67-71.

[58] 程小全,寇长河,郦正能. 复合材料蜂窝夹芯板低速冲击损伤研究[J]. 复合材料学报,1998,15(3):125-129.

[59] 张广成,何祯,刘良威,等. 夹层结构复合材料低速冲击试验与分析[J]. 复合材料学报,2012,29(4):170-177.

[60] Anderson T, Madenci E. Experimental investigation of low-velocity impact characteristics of sandwich composites[J]. Composite Structures. 2000, 50:239-247.

[61] Atas C, Liu D. Impact response of woven composites with small weaving angles[J]. International Journal of Impact Engineering, 2008, 35(2):80-97.

[62] Herb V, Martin E, Couegnat G. Damage analysis of thin 3D-woven SiC/SiC composite under low velocity impact loading[J]. Composite Part A: Applied Science and Manufacturing, 2012, 43(2):247-253.

[63] 滕锦,李斌太,庄茁. Z-pin 增韧复合材料层合板低速冲击损伤过程研究[J]. 工程力学,2006,23(A1):209-216.

[64] 毛春见,许希武,郑达. 缝合复合材料层板低速冲击及冲击后压缩实验研究[J]. 复

合材料学报,2012,29(2):160－166.

[65] 毛春见,许希武,田静,等. 缝合复合材料层板低速冲击损伤研究[J]. 固体力学学报,2011,32(1):43－56.

[66] Bert C W. Static testing techniques for filament-wound composite materials[J]. Composite, 1974, 5(1):20－26.

[67] Rousseau J, Perreux D, Verdire N. The influence of winding patterns on the damage behavior of filament wound pipes[J]. Composite Science and Technology, 1999, 59(9): 1439－1449.

[68] Moreno H, Douchin B, Collembet F, et al. Influence of winding pattern on the mechanical behavior of filament wound composite cylinders under external pressure[J]. Composite Science and Technology, 2008, 68(3/4):1015－1024.

[69] Matemilola S A, Stronge W J. Low-speed impact damage in filament-wound CFRP composite pressure vessels[J]. Journal of Pressure Vessel Technology 1997, 119:435－43.

[70] Chang J. Development of COPV-Related Standard[C]. AIAA, 2007:1－7.

[71] Icten B M, Kiral B G, Deniz M E. Impactor diameter effect on low velocity impact response of woven glass epoxy composite plates [J]. Composites Part B, 2013, 50: 325－332.

[72] Yang F J, Cantwell W J. Impact damage initiation in composite materials [J]. Composite Science and Technology, 2010, 70(2): 336－342.

[73] Lee S M, Cheon J S, Im Y T. Experimental and numerical study of the impact behavior of SMC plates [J]. Composite Structures,1999, 47(1/2/3/4): 551－561.

[74] Zhou G, Lloyd J C, McGuirk J J. Experimental evaluation of geometric factors affecting damage mechanisms in carbon/epoxy plates [J]. Composites:Part A, 2001, 32(1): 71－84.

[75] Kim S J, Goo N S, Dynamic contact responses of laminated composite plates according to the impactor's shapes [J]. Composite Structures,1997, 65(1): 83－90.

[76] Wakayama S, Kobayashi S, Imai T, et al. Evaluation of burst strength of FW-FRP composite pipes after impact using pitch-based low-modulus carbon fiber [J]. Composites: Part A,2006, 37(11): 2002－2010.

[77] Lopes C S, Seresta O, Coquet Y, et al. Low-velocity damage on dispersed stacking sequence laminates-Part I:experiments[J]. Composite Science and Technology, 2009,69 (7/8):926－936.

[78] Lopes C S, Seresta O, Coquet Y, et al. Low-velocity damage on dispersed stacking sequence laminates-Part II:numerical simulations[J]. Composite Science and Technology, 2009,69(7/8):937－947.

[79] Her S C, Liang Y C. The finite element analysis ofcomposite laminates and shell structures subjected to low velocity impact[J]. Composite Structures, 2004,66:277－285.

[80] Krishnamurthy K S, Mahajan P, Mittal R K. A parametricstudy of the impact response and damage of laminated cylindrical composite shells[J]. Composite Science and Technology, 2001,61:1655 – 1669.

[81] Krishnamurthy K. Impact response and damage inlaminated composite cylindrical shells [J]. Composite Structures 2003,59:15 – 36.

[82] Curtis J, Hinton M J, Li S, et al. Damage, deformation and residual burst strength of filament-wound composite tubes subjected to impact or quasi-static indentation [J]. Composites Part B, 2000, 31(5): 419 – 433.

[83] Beeson H D, Payne K S. Effects of impact damage and exposure on graphite/epoxy composite overwrapped pressure vessel[C]. AIAA,1996:1 – 7.

[84] Triplett M, Patterson J, Zalameda J. Impact damage evaluation of graphite epoxy cylinders[C]. AIAA, 1997: 1809 – 1810.

[85] Collins T E, Rogers J P. Impact damage and residual strength in graphite epoxy composite metal lined pressure vessel[C]. AIAA, 1995:1 – 10.

[86] Chen J K,Sun C T. Dynamic large deflection response of composite laminates subjected to impact[J]. Composite Structures,1985, 4: 59 – 73.

[87] Mitrevski T, Marshall I H, Thomson R S, et al. Low velocity impacts on preloaded GFRP specimens with various impactor shapes[J]. Composite Structures,2006, 76:209 – 217.

[88] Whittingham B, Marshall I H, Mitrevski T, et al. The response of composite structures with pre-stress subject to low velocity impact damage[J]. Composite Structures,2004, 66: 685 – 698.

[89] Robb M D, Arnold W S, Marshall I H. The damage tolerance of GRP laminates under biaxial prestress[J]. Composite Structures,1995,32: 141 – 149.

[90] 任明法,杨留鑫,孙冬生. 复合材料缠绕压力容器冲击损伤分析[J]. 压力容器, 2012,29(10):29 – 35.

[91] 任明法,陈浩然. 低速冲击下含金属内衬的缠绕容器损伤特征[J]. 玻璃钢/复合材料,2006(1):3 – 6.

[92] 许光,王洪锐,贺启林,等. 碳缠绕复合材料气瓶冲击试验研究[J]. 压力容器, 2014,31(11):26 – 31.

[93] 张国晋. 缠绕气瓶压力过载及冲击损伤行为研究[D]. 大连:大连理工大学,2014.

[94] Christoforou A P, Swanson S R. Analysis of impact response in composite plates [J]. International Journal of Solids Structure, 1991, 27(2): 161 – 170.

[95] Cairns D S, Lagace P A. Transient-response of graphite epoxy and Kevlar epoxy laminates subjected to impact[J]. AIAA Journal, 1989, 27(11): 1590 – 1596.

[96] Prasad C B, Ambur D R, Starnes J H. Response of laminated composite plates to low-speed impact by different impactors[J]. AIAA Journal, 1994, 32(6): 1270 – 1277.

[97] Meo M, Morris A J, Vignjevic R, et al. Numerical simulations of low-velocity impact on an aircraft sandwich panel[J]. Composite Structures, 2003,62(3):353 - 360.

[98] Hou J P, Petrinic N, Ruiz C, Hallett S R. Prediction of impact damage in composite plates[J]. Composites Science and Technology, 2000, 60: 273 - 281.

[99] Wang C Y, Yew C H. Impact damage in composite laminates [J]. Composite Structures, 1990, 37(6): 967 - 982.

[100] Moura M, Marques A T. Prediction of low velocity impact damage in carbon-epoxy laminates [J]. Composite:Part A, 2002, 33(3): 361 - 368.

[101] 温卫东,徐颖,崔海坡. 低速冲击下复合材料层合板损伤分析[J]. 材料工程, 2007,35(7):6 - 11.

[102] 张彦,来新民,朱平,等. 复合材料铺层板低速冲击作用下损伤的有限元分析[J]. 上海交通大学学报,2006,40(8):1348 - 1353.

[103] 张丽,李亚智,张金奎. 复合材料层合板在低速冲击作用下的损伤分析[J]. 科学技术与工程,2010,10(5):1170 - 1174.

[104] 张华山,黄争鸣. 复合材料层合板低速冲击承载能力的细观力学有限元模型[J]. 玻璃钢/复合材料,2008(5):12 - 17.

[105] Moura M, Goncalves J P M. Modelling the interaction between matrix cracking and delamination in carbon-epoxy laminates under low velocity impact [J]. Composite Science and Technology, 2004, 64(7/8): 1021 - 1027.

[106] Li S, Reid S R, Zou Z. Modelling damage of multiple delaminations and transverse matrix cracking in laminated composites due to low velocity lateral impact [J]. Composite Science and Technology, 2006, 66(6): 827 - 836.

[107] Bouvet C, Castanie B, Bizeul M. Low velocity impact modeling in laminate composite panels with discrete interface elements [J]. International Journal of Solids and Structures, 2009, 46(14/15): 2809 - 2821.

[108] Bouvet C, Rivallant S, Barrau J J. Low velocity impact modeling in composite laminates capturing permanent indentation [J]. Composite Science and Technology, 2012, 72(16):1977 - 1988.

[109] Allix O, Blanchard L. Mesomodeling of delamination: towards industrial applications [J]. Composite Science and Technology,2006, 66(6): 731 - 744.

[110] 程起有,童小燕,姚磊江,等. 低速冲击下复合材料层合板分层损伤的数值模拟[J]. 机械强度,2009(2):321 - 324.

[111] Donadon M V, Iannucci L, Falzon B G, et al. A progressive failure model for composite laminates subjected to low velocity impact damage [J]. Computers and Structures, 2008, 86(11): 1232 - 1252.

[112] Faggiani A, Falzon B G. Predicting low-velocity impact damage on a stiffened composite

panel [J]. Composites: Part A, 2010, 41: 737 – 749.

[113] He W, Guan Z D, Li X, et al. Prediction of permanent indentation due to impact on laminated composites based on an elasto-plastic model incorporating fiber failure [J]. Composite Structures, 2013, 96: 232 – 242.

[114] Maimi P, Camanho P P, Mayugo, J A, et al. A continuum damage model for composite laminates-Part I:constitutive model[J]. Mechanics of Materials, 2007, 39: 897 – 908.

[115] Williams K V, Reza V. Application of a damage mechanics model for predicting the impact response of composite materials[J]. Computers and Structures, 2001,79: 997 – 1011.

[116] Feng D, Aymerich F. Finite element modeling of damage induced by low-velocity impact on composite laminates[J]. Composite Structures, 2014,108:161 – 171.

[117] Iannucci L, Willows M L. An energy based damage mechanics approach tomodeling impact onto woven composite materials-Part I:numerical models[J]. Composite:Part A, 2006, 37:2041 – 2056.

[118] Iannucci L, Willows M L. An energy based damage mechanics approach tomodelling impact onto woven composite materials-Part Ⅱ:experimental and numerical results[J]. Composite:Part A, 2007, 38(2):540 – 554.

[119] 张彦. 纤维增强复合材料层合板结构冲击损伤预测研究[D]. 上海:上海交通大学,2007.

[120] 赵士洋. 复合材料层合板损伤模型的建构方法及其应用[D]. 西安:西北工业大学,2014.

[121] 王跃全,童明波,朱书华. 基于 CDM 的复合材料层合板三维非线性渐进损伤分析[J]. 南京航空航天大学学报,2009,49(6): 709 – 714.

[122] 吴义韬,姚卫星,吴富强. 复合材料层合板面内渐进损伤分析的 CDM 模型[J]. 力学学报,2014,46(1):94 – 104.

[123] Yokoyama N O, Donadon M V, Almeida S F M. An umerical study on the numerical study on the impact resistance of composite shells using an energy based failure model [J]. Composite Structures, 2010,93:142 – 152.

[124] Perillo G, Grytten F, Sorbo S, et al. Numerical/experimental impact events on filament wound composite pressure vessel[J]. Compoistes Part B-Engineering, 2015, 69: 406 – 417.

[125] Perillo G, Vedivik N P, Echtermeyer A T. Numerical and experimental investigation of impact on filament wound glass reinforced epoxy pipe[J]. Journal of Composite Materials, 2015,46(6): 723 – 738.

[126] Caprino G. Rsidual strength prediction of impacted CFRP laminates[J]. Journal of Composite Materials, 1984,18:508 – 518.

[127] Caprino G, Teti R. Impact and post-impact behavior of foam core sandwich structures [J]. Composite Structures, 1994, 29(1):47 – 55.

[128] Caprino G, Lopresto V. The significance of indentation in the inspection of carbon fiber-reinforced plastic panels damaged by low-velocity impact[J]. Composite Science and Technology, 2000, 60: 1003 - 1012.

[129] Hosur M V, Murthy C R L, Ramurthy T S. Compression after impact testing of carbon fiber reinforced plastic laminates[J]. Journal of Composites Technology & Research, 1999,21:51 - 64.

[130] 施平. 受低速冲击后玻璃/环氧层板刚度与强度的关系[J]. 哈尔滨工业大学学报, 1992,24(4):71 - 74.

[131] 施平, 阎相桥. 复合材料层板受低速冲击后的剩余刚度与剩余强度研究[J]. 宇航学报, 1996, 17(1): 91 - 94.

[132] Harris C, Coats T, Allen D, et al. A progressive damage model and analysis methodology for predicting the residual strength of composite laminates[J]. Journal of Composites Technology & Research, 1997,19(1): 3 - 9.

[133] Soutis C, Curtis P T, Prediction of the post-impact compressive strength of CFRP laminated composites [J]. Composite Science and Technology, 1996, 56(6): 677 - 684.

[134] Soutis C, Fleck N A, Smith P A. Failure prediction technique for compression loaded carbon fiber-epoxy laminate with a single hole[J]. Journal of Composite Materials, 1991,25:1476 - 1498.

[135] Suemasu H, Sasaki W, Ishikawa T, et al. A numerical study on compressive behavior of composite plates with multiple circular delaminations considering delamination propagation [J]. Composite Science and Technology,2008, 68(12): 2562 - 2567.

[136] Xiong Y, Poon C, Stranznicky P V, et al. A prediction method for the compressive strength of impact damaged composite laminates[J]. Composite Structures, 1995, 30: 357 - 367.

[137] Qi B, Herszberg I. An engineering approach for predicting residual strength of carbon/epoxy laminates after impact and hygrothermal cycling[J]. Composite Structures, 1999, 47(1/2/3/4): 483 - 490.

[138] 童谷生,孙良新,刘英卫,等. 复合材料层合板低能量冲击后剩余抗压强度的工程估算[J]. 机械工程材料,2004,28(3):19 - 21.

[139] 张永明,李培宁. 纤维环向缠绕复合材料气瓶冲击损伤容限研究[J]. 压力容器, 2011,28(10):22 - 26.

[140] 张永明. 车用纤维环向缠绕复合材料气瓶碰撞试验损伤容限研究[D]. 上海:华东理工大学,2012.

[141] Rivallant S, Bouvet C, Hongkarnjanakul N. Failure analysis of CFRP laminates subjected to compression after impact: FE simulation using discrete interface elements [J]. Composite:Part A, 2013, 55: 83 - 93.

[142] Rivallant S, Bouvet C, Abdallah E A, et al. Experimental analysis of CFRP laminates subjected to compression after impact: The role of impact-induced cracks in failure [J]. Composite Structures, 2014, 111: 147 - 157.

[143] Falzon B G, Apruzzese P. Numerical analysis of intralaminar failure mechanisms in composite structures-Part I: FE implementation [J]. Composite Structures, 2011, 93 (2): 1039 - 1046.

[144] Falzon B G, Apruzzese P. Numerical analysis of intralaminar failure mechanisms in composite structures-Part II: applications [J]. Composite Structures, 2011, 93(2): 1047 - 1053.

[145] Yan H, Oskay C, Krishnan A, et al. Compression-after-impact response of woven fiber-reinforced composites[J]. Composite Science and Technology,2010, 70(14): 2128 - 2136.

[146] 崔海坡,温卫东,崔海涛. 层合复合材料的低速冲击损伤及剩余压缩强度研究[J]. 机械科学与技术,2006,25(9):1013 - 1017.

[147] Uyaner M, Kara M, Sahin A. Fatigue behavior of filament wound E-glass/epoxy composite tubes damaged by low velocity impact[J]. Compoistes:Part B, 2014, 61:358 - 364.

[148] Wakayama S, Kobayashi S, Imai T, et al. Evaluation of burst strength of FW-FRP composite pipes after impact using pitch-based low-modulus carbon fiber [J]. Composites: Part A,2006, 37(11): 2002 - 2010.

[149] Kim E H, Lee I. Low velocity impact and residual burst-pressure analysis of cylindrical composite pressure vessels [J]. AIAA Journal, 2012,50(10): 2180 - 2193.

[150] 王冬旭. 复合材料气瓶冲击后损伤与剩余爆破压力研究[D]. 哈尔滨:哈尔滨工业大学,2013.

[151] 蒋喜志,吴东辉,石建军,等. 缠绕压力容器表面损伤试验研究[J]. 纤维复合材料,2013,12(1):12 - 16.

[152] 徐延海,李永生,黄海波. 表面损伤对全复合材料车用天然气瓶强度的影响[J]. 天然气工业,2008,28(1): 132 - 133.

[153] Kim C, Kang J H, Hong C S, et al. Optimal design of filament wound structure under internal pressure based on semi-geodesic path algorithm [J]. Composite Structures, 2002,67(4):443 - 452.

[154] 佟莉莉,陈辉,孟松鹤,等. 缠绕复合材料刚度衰减模型数值模拟[J]. 复合材料学报,2004,25(5): 159 - 164.

[155] 王晓宏,张博明,刘长喜,等. 缠绕复合材料压力容器渐进损伤分析[J]. 计算力学学报,2009,26(3):446 - 452.

[156] Doh Y D, Hong C S. Progressive failure analysis for filament-wound pressure vessel[J]. Reinforced Plastics and Composites, 1995,14(2): 1278 - 1306.

[157] Uemura M, Fukunaga H. Probabilistic burst strength of filament-wound cylinders under

internal pressure[J]. Composite Materials, 1981, 15(3): 462 -480.

[158] Guillarmat L, Hamdoun Z. Reliability model of drilled composite materials[J]. Composite Structures, 2005(5): 1 -8.

[159] Liu X, Mahadevan S. Ultimate strength failure probability estimation of composite structures[J]. J. of Reinforced Plastics and Composites, 2000(19): 403 -426.

[160] 杜善义,干彪. 复合材料细观力学[M]. 北京:科学出版社,1998.

[161] Lin S C. Reliability predictions of laminated composite plates with random system parameters[J]. Probabilistic Engineer Mechanics, 2000(15):327 -338.

[162] Ang H S, Tang W K. Probabilistic concepts in engineering planning and design basic principles-I[M]. New York: Wiley, 1984.

[163] Scop P M, Argon A S. Statistical theory of strength of laminated composites[J]. Journal Composite Material, 1967(1):92.

[164] Phoenix S L. Probabilistic strength analysis of fibers and fiber bundles[D]. New York: Cornell University, 1972.

[165] Oh K P. A diffusion model for fatigue crack growth[J]. Proceeding of the Royal Society, 1979, 367: 47 -58.

[166] Knight M, Hahn H. Strength and elastic modulus of a randomly-distributed short fiber composite[J]. Journal of Composite Materials, 1975(9): 77.

[167] Oh K P. A monte carlo study of the strength of unidirectional fiber-reinforced composites [J]. Journal of Composite Materials, 1979(13):311 -325.

[168] Scop P M, Argon A S. Statistical theory of the tensile strength of laminates. Advanced Fibrous Reinforced Composites[R]. California, 1966.

[169] Zweben C, Rosen B W. A statistical theory of material strength with application to composite materials[J]. Journal of Mechanics and Physics of Solids, 1970(18):189.

[170] Wu E W, Chou C. Statistical strength comparison of metal matrix and polymeric matrix composites[R]. Army Material Technology Report, 1986.

[171] Zwaag S V D. The concept of filament strength and weibull modulus[J]. Journal Testing and Evaluation, 1989(5): 292 -298.

[172] Lienkamp M, Schwartz P. A monte carlo simulation of the failure of a seven fiber microcomposite[J]. Composite. Science. Techlogy, 1993(46): 139 -146.

[173] Goda K, Phoenix S L. Reliability approach to the tensile strength of unidirectional CFRP composites by monte-carlo simulation in a shear-lag model[J]. Composite Science Techlogy, 1994(50): 457 -468.

[174] Chou T W. Microstructural design of fiber composites[M]. Cambridge: Cambridge University Press, 1992.

[175] King R L. The determination of design allowable properties for advanced composite ma-

terials[J]. GEC Journal Resource, 1987(2):76-87.

[176] Gao Z. Reliability of composite materials under general plane loadings[J]. Journal Reinforced Plastics and Composites, 1993(12): 430-456.

[177] Batdorf S B. Tensile strength of unidirectional reinforced composites-I[J]. Journal Reinforced Plastics and Composites, 1982(1):153-164.

[178] Batdorf S B. Tensile strength of unidirectional reinforced composites-II[J]. Journal Reinforced Plastics and Composites, 1982(1):165-176.

[179] Smith R L, Phoenix S L, et al. Lower-tail approximations for the probability of failure 3-D fibrous composites with hexagonal geometry[J]. Proceeding of the Royal Society, 1983(3): 353-391.

[180] Phoenix S L, Schwartz P, Robinson H H. Statistics of the strength and lifetime in creep-rupture of model carbon/epoxy composites[J]. Composite Science Techlogy, 1988(32): 81-120.

[181] Otani H, Phoenix S L, Petrina P. Matrix effects on lifetime statistics for the carbon fiber/epoxy microcomposites in creep-rupture[J]. Journal of Materials Science, 1991(26): 1955-1970.

[182] Harlow D G, Phoenix S L. Approximation of the strength distribution and size effect in an idealized lattice model of material breakdown[J]. Journal of the Mechanics and Physics of Solids, 1991(39): 173-200.

[183] Batdorf S B, Ghaffarian R. Size effect and strength variability of unidirectional composites[J]. International Journal Fracture, 1984(26): 111-123.

[184] Batdorf S B. Note on composite size effect[J]. Journal Composites Techlogy and Research, 1989(11):35-37.

[185] 李强,周则恭.纤维增强复合材料的可靠性分析[J]. 太原重型机械学院学报,1993(2):7-14.

[186] Sun C T, Yamada S E. Strength distribution of a unidirectional fiber composite[J]. Composite Mater, 1978(12):169-176.

[187] Cederbaum G, Elishakoff I, Librescu L. Reliability of laminated plates via the first-order second moment method[J]. Composite Structure, 1990(15):161-172.

[188] Cassenti B N. Probabilistic static failure of composite material[J]. AIAA, 1984(22): 103-109.

[189] Kam T Y, Sher H F. Nonlinear and first-ply failure analysis of laminated cross-ply plates[J]. Composite Material, 1995(29):463-482.

[190] Kam T Y, Lin S C. Reliability analysis of laminated composite plates[J]. Proc NSC, 1992(16):163-171.

[191] Engelstad S P, Reddy J N. Probabilistic nonlinear finite element analysis of composite

structures[J]. AAIA Journal, 1993, 31(2):362 – 369.

[192] Gurvich M R, Pipes R B. Probabilistic analysis of multi-step failure process of a laminated composite in bending[J]. Composite Science Techlogy,1995(55):413 – 421.

[193] Lin S C, Kam T Y, Chu K H. Evaluation of buckling and first-ply failure probabilities of composite laminates[J]. International Journal of Solids Structure, 1997(13):1395 – 1410.

[194] Hasofer M, Lind N. An exact and invariant first-order reliability format[J]. Journal of Engineering Mechanics, 1974(100): 111 – 121.

[195] Ang H S, Tang W K. Probability concepts in engineering planning and design: Vols. 1 and 2[M]. New York: John Wiley & Sons, 1984.

[196] Engelstad S P, Reddy J N. Probabilistic nonlinear finite element analysis of composite structures[J]. AIAA Journal, 1994(5): 121 – 130.

[197] Nakagiri S, Takabatake H,Tani S. Reliability of unidirectional fibrous composites[J]. AIAA Journal, 1990(11): 1980 – 1986.

[198] Hong S, Park J S,Kim C G. Stochastic finite element method and system reliability analysis for laminated composite structures[J]. ASME Recent Advances in Solids and Structures, 1995(18): 165 – 172.

[199] Mohamed B A. Influence of variable scattering on the optimum winding angle of cylindrical laminated composites[J]. Composite Structures, 2001(53): 287 – 293.

[200] Lin S C. Reliability predictions of laminated composite plates with random system parameters[J]. Probabilistic Engineering Mechanics, 2000(15):327 – 338.

[201] Wu W, Cheng H, Kang C. Random field formulation of composite laminates[J]. Compos Struct,2000(49):87 – 93.

[202] Frangopol D N, Recek S. Reliability of fiber-reinforced composite laminate plates[J]. Probabilistic Engineering Mechanics,2003(18):119 – 137.

[203] 羊羚,马祖康. 复合材料结构可靠性分析与设计[J]. 导航学报,1989(3):96 – 100.

[204] 羊羚,马祖康,段启梅. 复合材料层压结构系统的可靠性分析方法[J]. 西北工业大学学报,1990,8(1):1 – 8.

[205] 宋云连,李树军,王善. 加强纤维复合材料板结构的可靠性分析[J],哈尔滨工程大学学报,1999,20(3):63 – 71.

[206] 陈念众,张圣坤,孙海虹. 复合材料船体纵向极限强度可靠性分析[J]. 中国造船,2002,43(2):29 – 35.

[207] 许玉荣,陈建桥,罗成,等. 复合材料层合板基于遗传算法的可靠性优化设计[J]. 机械科学与技术,2004,23(11):1344 – 1347.

[208] Cohen J. Application of material non-linearity to composite pressure vessel design[C]. 26th Joint Propulsion Conference, AIAA,1990.

[209] Jenson B, Trask B. Determining laminate strain from non-linear laminar moduli[C].

26th Joint Propulsion conference, AIAA, 1990.

[210] Cohen J. Application of reliability and fiber probabilistic strength distribution concepts to composite vessel burst strength design[J]. J. Compos Mater, 1992(13): 1984 - 2014.

[211] Hwang T K, Hong C S, Kim C G. Probabilistic deformation and strength prediction for filament wound pressure vessel[J]. Composites: Part B, 2003(34): 481 - 497.

[212] Hwang T K, Jung S K, et al. The performance improvement of filament wound composite pressure vessels[J]. SAMPE, 2000, 3: 1427 - 1438.

[213] Rai N, Pitchumani R. Optimal cure cycles for the fabrication of thermosetting-matrix composites[J]. Polymer Composites, 1997(4): 23 - 34.

[214] 沈观林,胡更开. 复合材料力学[M]. 北京:清华大学出版社,2006.

[215] Aboudi J. Mechanics of composite materials-a unified micromechanical approach[M]. Amsterdam: Elsevier Science Publisher, 1991.

[216] Needleman A, Tvergaard V. Comparison of crystal plasticity and isotropic hardening predictions for metal-matrix composites[J]. ASME Journal of Applied Mechanics, 1993, 60: 70 - 76.

[217] Hori M, Nemat N S. On two micromechanics theories for determining micro-macro relations in heterogeneous solids[J]. Mechanics of Materials, 1999, 31: 667 - 682.

[218] Xia Z H, Zhang Y F, Ellyin F. A unified periodical boundary conditions for representative volume elements of composites and applications[J]. International Journal of Solids and Structures, 2003, 40: 1907 - 1921.

[219] Xia Z H, Zhou C W, Yong Q L, et al. On selection of repeated unit cell model and application of unified periodic boundary conditions in micro-mechanical analysis of composites[J]. International Journal of Solids and Structures, 2005, 43(2): 266 - 278.

[220] 杨序纲. 复合材料界面[M]. 北京:化学工业出版社,2010.

[221] Systems D. ABAQUS documentation version6. 10 [Z]. SIMULIA, 2010.

[222] VolokhK Y. Comparison between cohesive zone models[J]. Communicatins in Numerical Methods in Engineering, 2004, 20(11): 845 - 856.

[223] Cui W, Wisnom M R. A combined stress-based and fracture mechanics based model for predicting delamination in composites[J]. Composites, 1993, 24(6): 467 - 474.

[224] Soden P D, Hinton M J, Kaddour A S. Lamina properties, lay-up configurations and loading conditions for a range of fiber-reinforced composite laminates [J]. Composites and Technology, 1998, 58(7): 1011 - 1022.

[225] O'Higgins R M, McCarthy C T, McCarthy M A. Identification of damage and plasticity parameters for continuum damage mechanics modelling of carbon and glass fibre-reinforced composite materials [J]. Strain, 2011, 47(1): 105 - 115.

[226] Wang X Q, Zhang J F, Wang Z Q. Effects of interphase properties in unidirectional fiber

reinforced composite materials[J]. Materials & Design,2011, 32(6): 3486 - 3492.

[227] Budiansky B, Fleck N A. Compressive failure of fiber composites[J]. Mech. Phys. Solids,1993,41(1):183 - 211.

[228] Standard A. D7136/D7136M-05. Standard test method for measuring the damage resistance of a fiber-reinforced polymer matrix composite to a drop-weight impact event[S]. West Conshohocken (PA): ASTM International, 2005.

[229] 刘新东,郝际平. 连续介质损伤力学[M]. 北京:国防工业出版社,2007.

[230] 益小苏,杜善义,张立同. 复合材料手册[M]. 北京:化学工业出版社,2004.

[231] Chow C L, Lu T J. On evolution laws of anisotropic damage[J]. Engineering Fracture Mechanics, 1989,34: 679 - 701.

[232] Hwang T K, Hong C S, Kim C G. Probabilistic deformation and strength prediction for a filament pressure vessel[J]. Composites: Part B, 2003, 34: 481 - 497.

[233] Matzenmiller A, Lubliner J, Taylor R L. A constitutive model for anisotropic damage in fiber composite[J]. Mechanical Materials, 1995, 20(2):125 - 152.

[234] Tan T M, Sun C T. Use of statical indentation laws in the impact analysis of laminated composite plate[J]. Journal of Applied Mechanics, 1985,52:6 - 12.

[235] Kim E H, Lee I. Low-velocity impact and residual burst pressure analysis of cylindrical composite pressure vessels[J]. AIAA Journal, 2012,50(10): 2180 - 2193.

[236] Bazant Z. Crack band theory for fracture of concrete[J]. Material Constructions, 1983, 16:155 - 77.

[237] Shi T, Swait T, Soutis C. Modelling damage evolution in composite laminates subjected to low velocity impact[J]. Composite Structures, 2012,94: 2902 - 2913.

[238] Lapczyk I, Hurtado J A. Progressive damage modelling in fiber reinforced materials[J]. Composites : Part A, 2007, 38:2333 - 2341.

[239] Tan W, Falzon B G, Chiu L N S, et al. Predicting low velocity impact damage and compression-after-impact (CAI) behaviour of composite laminates[J]. Composite : Part A, 2015, 71: 212 - 226.

[240] 陈林泉,王路仙. 缠绕壳体封头厚度计算[J]. 推进技术,1995,16(6):36 - 40.

[241] 中华人民共和国国家质量监督检验检疫总局,中国国家标准化管理委员会. GB/T 6058—2005. 缠绕压力容器制备和内压试验方法[S]. 北京:中国标准出版社,2005.

[242] 董聪. 现代结构系统可靠性理论及其应用[M]. 北京:科学出版社,2001.

[243] Cornell C A. Bounds on the reliability of structural systems. Journal of structural Division [R]. ASCE, 1967.

[244] Ditlevsen O. Nallow reliability bounds for structural system[J]. Journal of Structural Mechanics, 1979(4):453 - 472.

[245] Freudenthal P A M. Safety and the probability of structural failure[J]. ASCE Trans, 1956(121):1337 - 1397.

[246] Hasofer A M, Lind N C. Exact and invariant second-moment code format[J]. Journal of Engineering Mechanics-ASCE,1974(1): 111 - 121.

[247] 徐济钟. 蒙特卡罗法[M]. 上海:上海科学技术出版社,1985.

[248] 武清玺. 结构可靠性分析及随机有限元法——理论、方法、工程应用及程序设计[M]. 北京:机械工业出版社,2005.

[249] Hisada T, Nakagiri S. Stochastic finite element method developed for structure. safety and reliability[C]. Proceeding of 3rd International Conference on structure Safety and Reliability,Trondheim,1981.

[250] Vanmarche E, Shinozuka M, Nakagiri S, et al. Random fields and stochastic finite elements[J]. Structure Safety, 1986(7):604 - 611.

[251] Yamazaki F, Shinozuka M, Dasguspa G. Neumann expansion for stochastic finite element analysis[J]. Journal of Engineering Mechanics-ASCE,1988(8):1335 - 1354.

[252] Shinozuka M,Deodatis G. Response variability of stochastic finite element systems[J]. Journal of Engineering Mechanics-ASCE,1988(3):499 - 519.

[253] 杨杰,陈虬. 一种新型的随机有限元法[J]. 力学季刊,2004,25(4):518 - 522.

[254] 杨杰,陈虬等. 基于 Hermite 积分的非线性随机有限元法[J]. 重庆大学学报,2003,26(12):15 - 17.

[255] 杨杰,陈虬. Legendre 积分法在随机有限元法中的应用[J]. 计算力学学报,2005,22(2):214 - 216.

[256] Rackwitz R, Fiessler B. Structural reliability under combined random load sequences [J]. Computer and Structures, 1978(9): 489 - 494.

[257] Murotsu Y. Reliability assessment of redundant structures[C]. Proceedings 3rd international comference on structural safety and reliability, Amsterdam, 1981.

内容简介

本书以缠绕复合材料典型结构为研究对象,较为系统地阐述了其在低速冲击条件下的损伤和强度评估问题。

首先分析了缠绕复合材料制作工艺与细观力学特性,阐述了界面单元损伤模型、缠绕复合材料力学性能预测和测试方法;其次系统阐述了缠绕复合材料壳体低速冲击试验及其冲击响应特性和规律,阐述了缠绕复合材料渐进损伤模型,通过仿真和试验验证,探讨了冲击损伤及冲击后剩余强度的影响因素与规律;最后,考虑不确定性,阐述了缠绕复合材料壳体概率渐进失效和可靠性评估模型。

本书适用于从事武器装备、航天、核工程、化工等工业领域的复合材料结构设计人员和工程技术人员阅读,也可作为复合材料专业高年级本科生或研究生参考资料。

This book systematically describes the damage and strength evaluation of typical wound composite structures under low-speed impact .

Firstly, the fabrication process and meso-mechanical properties of wound composite materials are analyzed, and the damage model of interface elements, the prediction and testing methods of mechanical properties of wound composite materials are expounded. Secondly, the low-speed impact test of wound composite shells and its impact response characteristics and laws are systematically expounded, and the progressive damage of wound composite materials is expounded. The influence factors and laws of impact damage and residual strength after impact are discussed through simulation and experimental verification. Finally, considering uncertainties, the probabilistic progressive failure and reliability evaluation model of wound composite shells are presented.

This book is suitable for the structural designers and engineers of composite materials in the fields of weapon equipment, aerospace, nuclear engineering, chemical industry, etc. It can also be used as reference materials for senior undergraduates or graduate students majoring in composite materials.

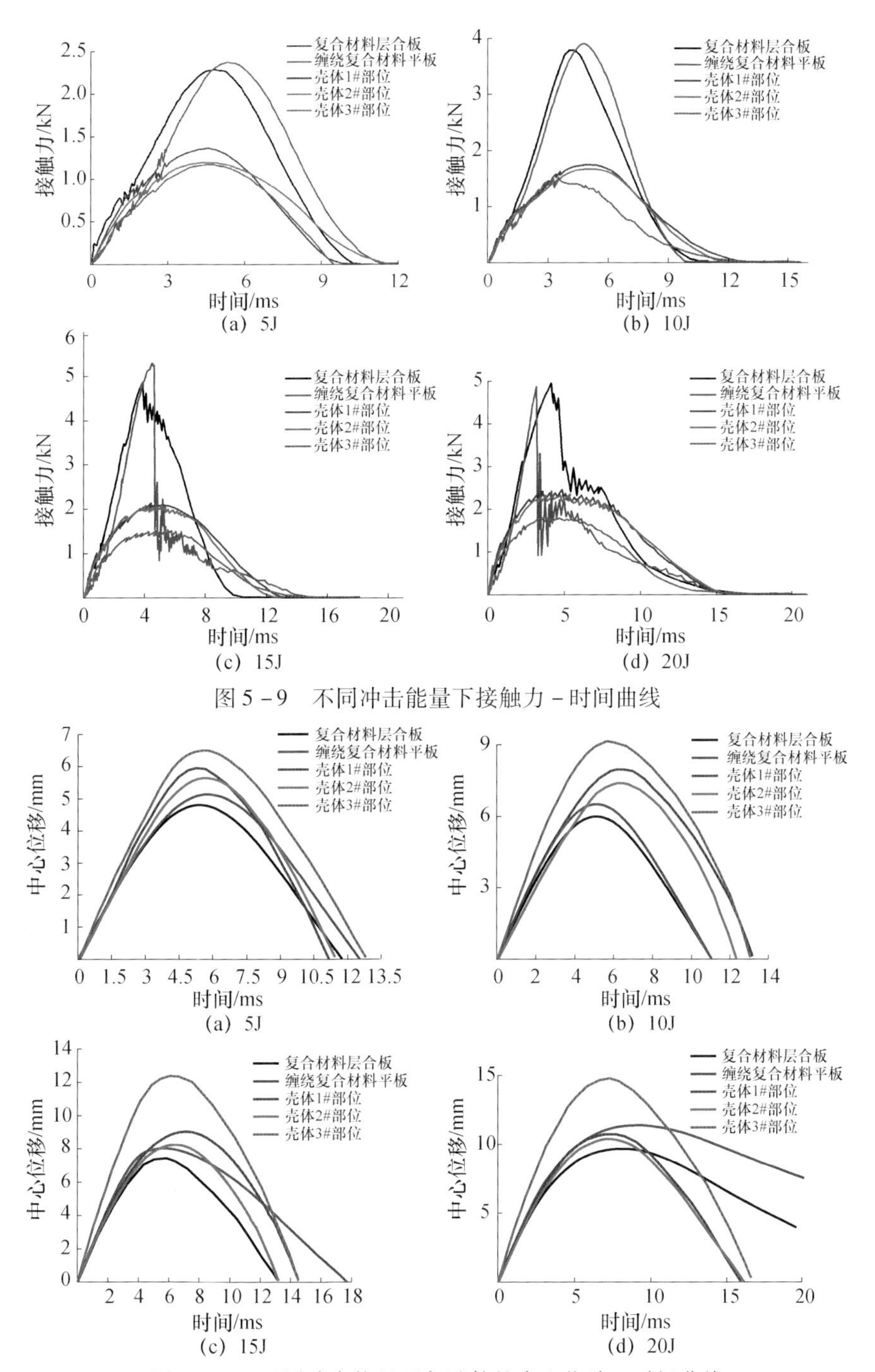

图 5－9　不同冲击能量下接触力－时间曲线

图 5－11　不同冲击能量下各试件的中心位移－时间曲线

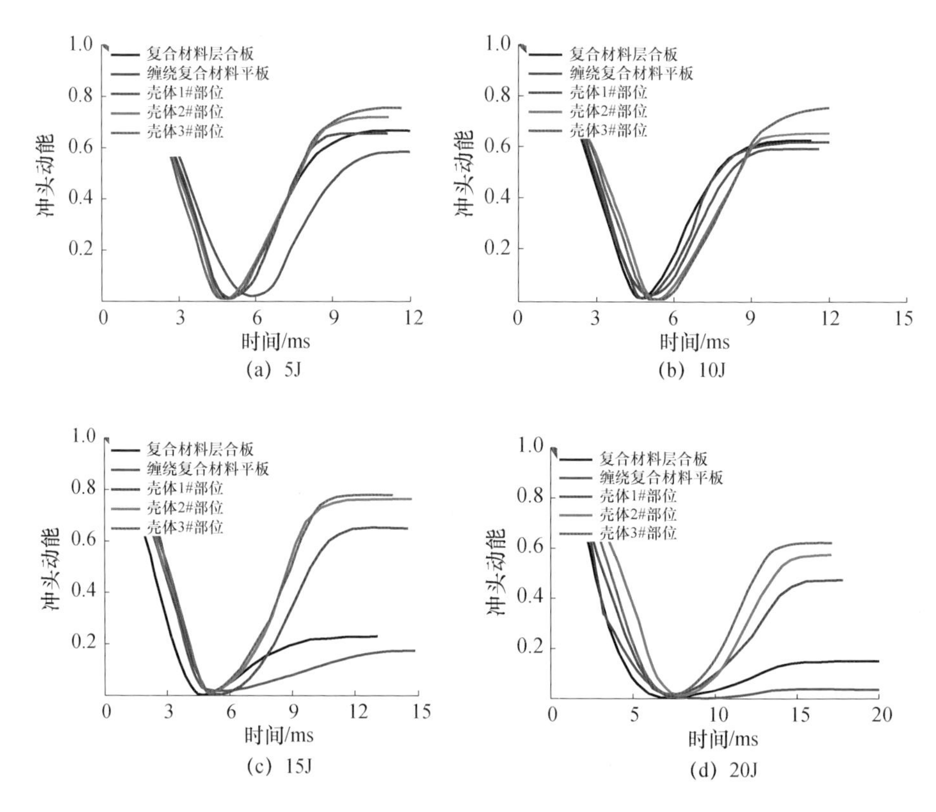

(a) 5J (b) 10J

(c) 15J (d) 20J

图 5-12 不同冲击能量下冲头动能-时间曲线

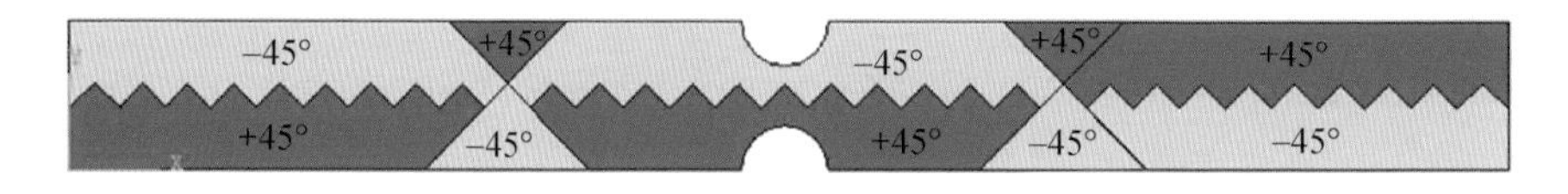

(a) 缠绕拉伸试件表面铺层顺序

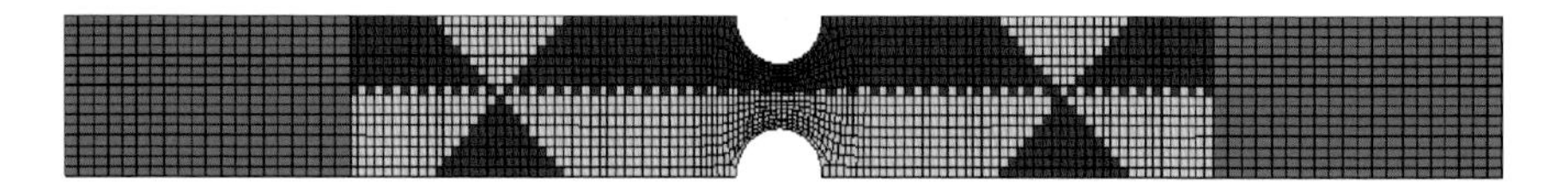

(b) 拉伸试件网格划分

图 6-8 含缺口试件有限元模型

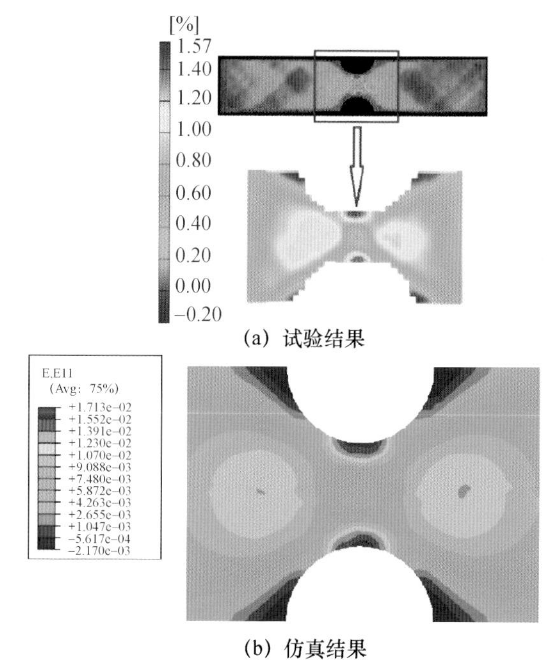

(a) 试验结果

(b) 仿真结果

图 6－10　载荷达到 3kN 时的轴向应变场对比

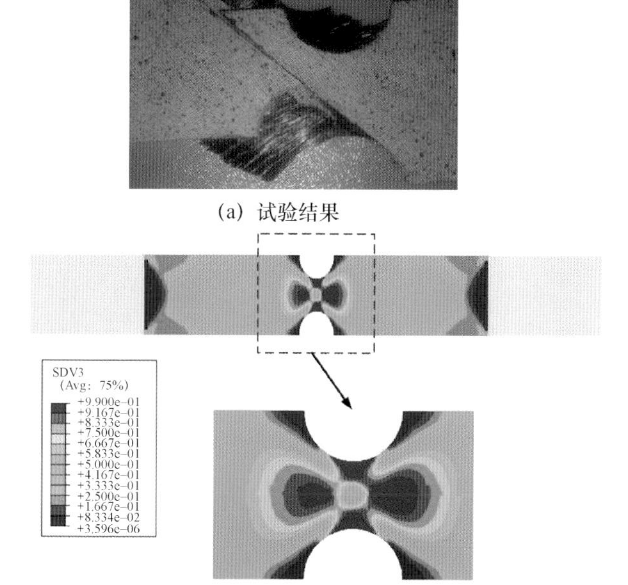

(a) 试验结果

(b) 仿真结果

图 6－11　拉伸破坏形貌试验和仿真结果对比

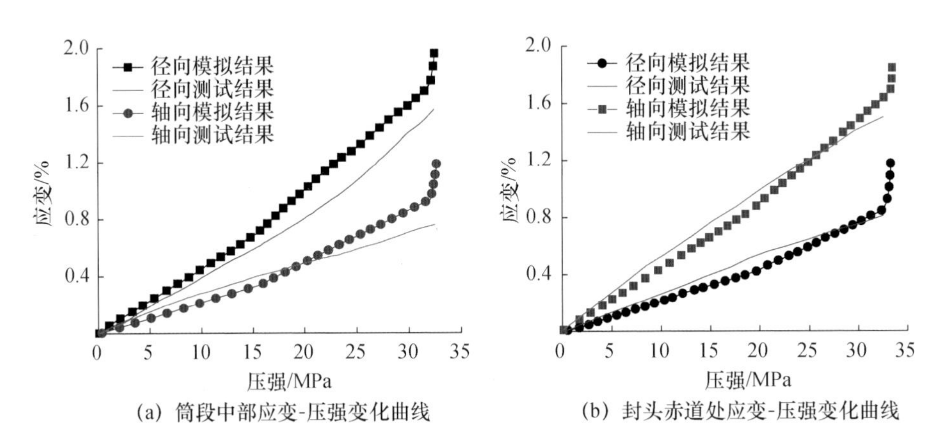

(a) 筒段中部应变-压强变化曲线　　(b) 封头赤道处应变-压强变化曲线

图 7-4　应变-压强仿真与试验曲线对比

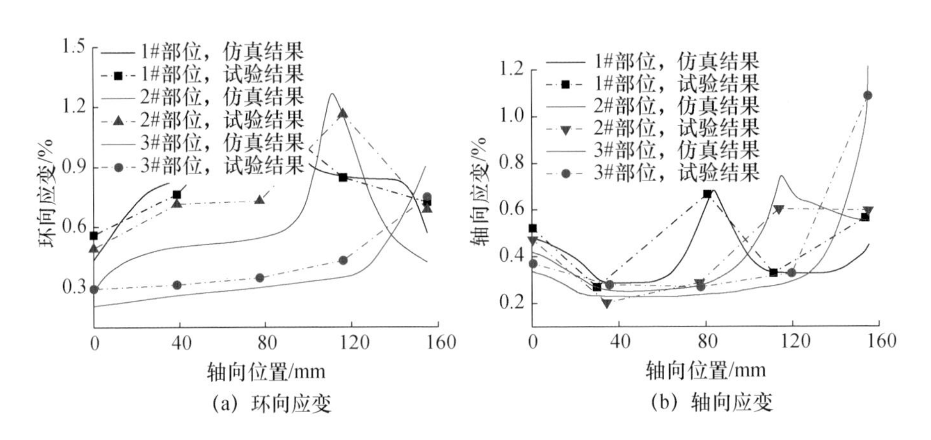

(a) 环向应变　　(b) 轴向应变

图 7-11　内压作用下含损伤壳体表面应变仿真与试验结果对比（冲击能量为 15J）